HUAXUE YUANSU DE GU

本书编写组◎编

化学元素的故事

WPC

广州·北京·上海·西安

世界图书出版公司

揭开未解之谜的神秘面纱，探索扑朔迷离的科学疑云；让你身临其境，受益无穷。书中还有不少观察和实践的设计，读者可以亲自动手，提高自己的实践能力。对于广大读者学习、掌握科学知识也是不可多得的良师益友。

图书在版编目（CIP）数据

化学元素的故事／《化学元素的故事》编写组编著
. — 广州：广东世界图书出版公司，2009.12（2024.2 重印）
ISBN 978 - 7 - 5100 - 1444 - 4

Ⅰ. ①化… Ⅱ. ①化… Ⅲ. ①化学元素 – 青少年读物
Ⅳ. ①O611 – 49

中国版本图书馆 CIP 数据核字（2009）第 216990 号

书　　名	化学元素的故事
	HUAXUE YUANSU DE GUSHI
编　　者	《化学元素的故事》编写组
责任编辑	鲁名琰
装帧设计	三棵树设计工作组
出版发行	世界图书出版有限公司　世界图书出版广东有限公司
地　　址	广州市海珠区新港西路大江冲 25 号
邮　　编	510300
电　　话	020-84452179
网　　址	http://www.gdst.com.cn
邮　　箱	wpc_gdst@163.com
经　　销	新华书店
印　　刷	唐山富达印务有限公司
开　　本	787mm×1092mm　1/16
印　　张	10
字　　数	120 千字
版　　次	2009 年 12 月第 1 版　2024 年 2 月第 12 次印刷
国际书号	ISBN　978-7-5100-1444-4
定　　价	48.00 元

前 言
PREFACE

　　繁华世界，万千事物，令人眼花缭乱，但宇宙万物莫不是由化学元素组成的。可以说是有限的化学元素组成了无限的世界。

　　元素构成了世界的学说在古代就已经有了，具有代表性的是古希腊哲学家亚里士多德提出的"原性学说"。他认为自然界中是由4种相互对立的"基本性质"——热和冷、干和湿组成的。它们的不同组合，构成了火（热和干）、气（热和湿）、水（冷和湿）、土（冷和干）4种元素。"基本性质"可以从原始物质中取出或放进，从而引起物质之间的相互转化。以后不断有人对元素的概念和含义进行补充，但古代学者对元素的理解都是通过对客观事物的观察或者是臆测的方式进行的。只是到了17世纪中叶，由于科学实验的兴起，积累了一些物质变化的实验资料，有学者才从化学分析的结果去解决关于元素的概念。

　　1661年英国科学家玻意耳出版了一本《怀疑派的化学家》小册子。书中写道："现在我把元素理解为那些原始的和简单的或者完全未混合的物质。这些物质不是由其他物质所构成，也不是相互形成的，而是直接构成物体的组成成分，而它们进入物体后最终也会分解。"这样，元素的概念就表现为组成物体的原始的和简单的物质。随着化学实验和其他化学手段的不断深入和更新，人们对化学元素的认识越来越深入，化学元素周期表的建立和人工合成元素的出现是人类在认识和利用化学元素史上的大事，到目前为止，人类已经发现了114种化学元素。

    对化学元素的科学分析，可以获知很多知识，这其中既包括人类已经知道并在实际生活中已应用于实践中的，还包括人类未知，需要进一步研究获取，并要加以验证的，所以，学习化学元素的知识对于学好化学、准备在这个领域有所作为的人十分有必要。化学元素可以说是一把打开化学大门的金钥匙，一个不懂化学元素知识的人是无论如何都不能在化学这个领域有所作为的。人类的认识能力是无限的，科学的发展亦无止境。人们对于化学元素的认识，也正在不断地深入和发展中。

目 录

附　录

碱金属、碱土金属元素

JIANJINSHU JIANTUJINSHU YUANSU

碱金属指的是元素周期表ⅠA族元素中所有的金属元素，共计锂、钠、钾、铷、铯、钫六种，前五种存在于自然界，而钫只能由核反应产生。碱金属是金属性很强的元素，其单质也是典型的金属，表现出较强的导电、导热性。碱金属都具有银白色金属光泽，非常软，比重小，熔点和沸点都较低。

碱土金属指元素周期表中ⅡA族元素，包括铍、镁、钙、锶、钡、镭六种金属元素。碱土金属元素在化学反应中易于失去电子，形成+2价阳离子，表现强还原性。碱土金属在自然界均有存在，前五种含量相对较多，钙、镁和钡在地壳内蕴藏较丰富，它们的单质和化合物用途较广泛。

最轻的金属——锂

1817年，瑞典化学家阿尔费德森在分析从攸桃岛采集到的一种叶石pelalite（现已证明是被称作透锂长石的硅酸锂铝）过程中，发现该叶石中含有氧化硅、氧化铝及一种新碱金属。他把这种碱金属制成硫酸盐，进行试验，并进行详细分析计算研究后，发现该碱金属与酸类饱和的量比其他各种固定碱类要大得多，它的溶液不被过量的酒石酸沉淀，又不受氯化铂的影响。证明这种碱金属硫酸盐既不是钾盐、钠盐，也不是镁盐。于是他肯定这种碱金属是一种新元素，并命名为"锂"（lithium）。该词源自希腊语"岩石"之意，因为之前发现的碱金属钠和钾是从植物里取得的。

阿尔费德森曾试图制取金属锂，但未成功。1818 年布兰德斯、戴维等人分别用强电流电解锂矿石制得了少量的这种金属。直到 1855 年，本生和马提生采用电解熔融氯化锂的方法，才制得较多量的锂可供研究之用。

锂是最轻的金属，把它扔到水里，会像软木塞一样漂浮在水面上，它的比重约为水的一半（每立方厘米的重量为 0.543 克）。锂不仅外表漂亮，而且性质活泼。放在硝酸里它会燃烧起来，放在水里能剧烈反应放出氢气，而且与空气中的氧、氮能迅速结合。因此，它不能在空气、水等条件下保存，只好用石蜡封起来。

锂不仅体态轻盈，而且才华横溢。它已在几个尖端领域中崭露头角。

锂可以和氢、重氢（氘 D）、超重氢（氚 T）化合成氢化锂、氘化锂、氚化锂。由于这三种化合物脾气十分暴躁，所以被人们用作炸药。1 千克氚化锂，爆炸能力约等于 5 万吨烈性 TNT 炸药。因而，原子能工业便和它攀起亲戚来，使它成为氢弹的原料。最初制造氢弹用的是氘和氚的混合物，后来才改用氘化锂作炸药。我国第一颗氢弹就是用氢化锂和氘化锂作炸药的。有人计算过，1 千克好煤能使火车走 8 米，1 千克铀可以使火车走 4 万千米，而 1 千克锂通过热核反应能使一列火车从地球开到月球上去。它的能量比铀裂变

锂电池图

产生的能量大10多倍。

在我们日常生活中，锂的用处实在不少。电视机上的荧光屏，就是加进锂的锂玻璃。锂玻璃有很高的强度和韧性。有些含锂的特殊玻璃，密度很高，不怕酸碱，受热膨胀也不太大，所以被广泛应用在化工、电子、光学仪器上。把含锂的陶瓷涂在钢铁、铝、镁的表面上，即成为这些金属的保护层，所以喷气发动机燃烧室、火箭、导弹外壳都涂上它。锂可形成锂键，这与氢键类似，如 LiF 就可形成锂键。

锂在医疗卫生方面也有很大用途，空气调节、游泳池水以及治疗内脏疾病的某些药物方面都少不了锂。锂电池常用于心脏起搏器的电源。Li_2CO_3 是治疗某些精神病的首选药品。

润滑剂中加进锂的化合物，在 -50℃ 的低温和 160℃ 的高温条件下都可以使用。

锂跟铝、镁、铍的合金，既轻盈又坚韧，已被火箭、导弹、飞机制造工业大量使用。高氯酸锂、硝酸锂是火箭燃料的高效氧化剂，氢氧化锂有特殊的香味，是制造汽水的原料。

电　解

电解是指电流通过物质而引起化学变化的过程。化学变化是物质失去或获得电子（氧化或还原）的过程。电解过程是在电解池中进行的。电解池是由分别浸没在含有正、负离子的溶液中的阴、阳两个电极构成。电流流进负电极（阴极），溶液中带正电荷的正离子迁移到阴极，并与电子结合，变成中性的元素或分子；带负电荷的负离子迁移到另一电极（阳极），给出电子，变成中性元素或分子。

活泼的钠、钾

钠和钾这两种元素，大家都比较熟悉。提起钠，人们马上会想到食盐——氯化钠。在人类的生存和发展中，钠和钾都起着举足轻重的作用。

人类和钠、钾打交道已经有几千年的历史。人们很久以前就知道食盐可以吃。食盐曾经作为货币流通，是人类最早进行贸易的商品之一。"圣经"上记载过人们为争夺食盐而发生的战争。

不过，人们把钠和钾作为元素看待，还是1807年以后的事。在此之前，人们一直把氢氧化钠和氢氧化钾看做不可能再分的元素。1807年，英国青年化学家戴维将电流通过熔融的氢氧化钾，想检验电流对氢氧化钾的效应，却意外地分离出一种新的带金属光泽的物质，取名叫钾。戴维的发现震动了当时的科学界。1907年，人们还为此召开一百周年纪念会。

英国化学家戴维

金属钾、钠的问世曾引起轰动，因为在当时人们的印象中，金属的比重应该比水大，入水能沉，并且很硬，只有在烈火中才能熔化。而钠和钾却像蜡一样软，可以用小刀轻轻切开，还可以浮在水面上，并且一秒钟也不安静，到处窜来窜去，发出咝咝的声音并扬起白烟，变得越来越小，最后完全消失。即使在冰面上，钠也能自行燃烧。后来的研究表明，金属钠在 -80℃ 时就可与水反应，可见钠、钾的还原能力远远超过了氢。在煤油里，它们会平静地待在里面，但如果把它们暴露在空气中，马上会失去银白色的光泽而披上一层薄膜。钠和钾还能同卤族元素氟、氯、溴、碘以及硫、磷、氮等元素直接反应，也可以与氯化氢、氨等化合物发生反应。

烈性金属钠在现代工业上有着十分广泛的应用。汽车必需的汽油防震剂四乙基铅和四甲基铅的生产要用钠做基本原料。生产航天事业需要的耐高温、耐腐蚀材料，往往也离不开金属钠。

金属钠和钾还是很好的冷却剂，在核工业上广泛应用。钠、钾及其合金作为核反应堆的传热介质，熔点低，传热本领大。钠、钾、铯制成的合金，在 -78℃ 才凝固，是目前熔点最低的合金。液态钠传热的能力比水高四五倍。成批生产的钠砖用于快热中子反应堆和超热中子反应堆，不仅使反应堆体积小，而且造价低廉。液态金属钠可以作熔剂，制备与其他溶剂发生反应的活性金属粉。金属钙可以在液态钠中重结晶制取纯净的钙。

金属钠还是石油除硫的好材料。用钠处理后的石油，颜色好，贮存稳定，还能改善催化裂解的质量，使裂解率达到99%。

金属钠和金属汞形成汞齐，具有温和的还原性，常在有机合成上应用。钠汞齐作弧光灯的电极，要比单独使用汞所需要的电压小，因此用来作钠光灯。钠灯发出的光线在人眼的最大灵敏度范围之内，从而，云雾天时，汽车在橙黄色钠灯的路灯下行使也会平安无事。

金属钾由于价格昂贵而限制了它的应用。钠、钾的氧化物有着特别重要的理论意义。钠、钾可以生成普通氧化物、过氧化物和超氧化物，钾和臭氧反应生成臭氧化钾。而过氧化物遇到二氧化碳会自动放出氧气，因此，作为急救用的氧气源，既便宜，又容易贮存。潜水员、矿工、太空飞行员戴上过氧化钾面具可以保证氧的供应。

在目前已知的一百多种元素中，人体中竟含有60多种。人体中元素的百分含量各不相同，有的含量较高（如碳、氢、氧等），有的含量却很低（如碘、氟、硅等）。在人体中，含量高的元素称为宏量元素；其他元素（共占0.05%）称为微量元素。

钠元素是一种宏量元素，大约占人体总质量的0.15%，虽然钠的含量看起来很少，但在人体中却发挥着十分重要的作用。

钠在人体中有什么作用呢？

正常人体内流动的血液，有一个比较恒定的酸碱度，即pH值在7.35～7.45之间，当血液的pH值小于7.35或大于7.45时，就发生酸中毒或碱中毒，人就会感到疲乏、软弱、呼吸增深，严重时导致死亡。维持pH酸碱度主要靠血液中的缓冲剂$NaHCO_3 - H_2CO_3$，而钠离子（Na^+）是这一缓冲剂的主要角色。

钠离子还是构成人体体液的重要成分。人的心脏跳动离不开体液，所以成人每天需摄入一定量的钠离子，同时经汗液、尿液中每天又排出部分钠离子，以维持体内钠离子的含量基本不变。这就是人出汗或动手术后需补充一定量食盐水的原因。

体液中Na^+过多，易于使血压升高，也易使心脏的负担加重。因此，凡心脏病、高血压患者，忌食过多的食盐（$NaCl$）。若体液内Na^+过少，则血液中钾的含量就会升高（血钾高），升高到一定程度后，也会影响心脏的跳动。

体内钠元素对肾也有影响。凡肾炎患者，其体内 Na^+ 不易排出，如果再过多地摄入 Na^+（食盐），患者病情就可能加重，因此，肾炎患者应适当地少摄入食盐。

钾、钠的氢氧化物称为苛性碱。苛性碱可以与某些金属或非金属，甚至玻璃发生反应，所以盛装苛性碱试剂要用塑料瓶。氢氧化钠很喜欢水，一块干燥的氢氧化钠放在空气中，它的表面很快就会"出汗"，最后变成糊状物。氢氧化钠的这种性质，使它可以用来作干燥剂。特别应当注意的是千万不要让碱液溅入眼中，否则就会把眼睛烫伤。如果不小心把碱液弄到皮肤上，要迅速用水冲洗，并用稀小苏打或肥皂水洗涤。苛性碱的许多优点使它成为实验室使用的重要试剂。在工业上大量用在制造肥皂、造纸、冶金、人造纤维、石油等方面。

还有一个重要的钠的化合物是"纯碱"——碳酸钠，俗称"苏打"。最初，人们是从一些海生植物的灰中提取苏打，然而，产量非常有限。现在，人们用食盐、硫酸与石灰石做原料制造纯碱。纯碱是白色晶体，常用于洗涤。玻璃、肥皂、造纸、石油等工业都要消耗成千上万吨纯碱。

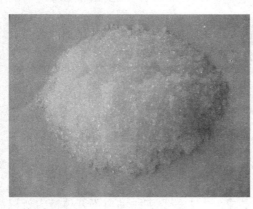

纯 碱

至于"小苏打"，则是碳酸氢钠的俗称。医治胃病的小苏打片、"苏打饼干"，便是用它做的。小苏打是细小的白色晶体，微有咸味，常用作发酵剂，因为它受热或受酸作用，很易放出二氧化碳气体，在面团中形成蜂窝状。

钠、钾元素对人的生长和正常发育非常重要。一个正常人每年要摄取 5～10 千克食盐。盐不仅使食物鲜美，而且还为我们体内提供必要的氯。由氯可以产生胃液的组成物盐酸。人体内的钠的总量大约为 90 克，钾 160 克。钠的主要功能是维持细胞外液的渗透压，使神经细胞对外界刺激的反应维持正常。钾主要维持细胞的新陈代谢，同时也维持神经细胞对外界刺激的正常反应。人体缺少了钠和钾，就会感到疲惫、食欲不振、头痛、肌肉痉挛、恶心、神志不清、心律失常、低血压等。值得提出的是，我们要多吃些含钾量多的蔬菜、水果、肉类、谷类、豆类等，不要偏食，否则会引起缺钾症。

众所周知，植物很需要钾。植物从土壤里摄得钾，来配合光合作用和呼吸作用。有人做过这样的试验，取一枝施过钾肥的植物叶子放在干燥的空气中，一昼夜基本上没有水分蒸发，而没有施钾肥的叶子，水分丢失 94%。植物缺钾，叶片会发黄，布满棕褐色斑点，此时秆茎细小容易倒伏。向日葵杯中钾的含量高，所以抗风能力强。烟农很熟悉烟草生长的"脾气"，在烟草地里施些含钾多的草木灰肥料或钾肥。目前，80% 的钾化合物用于钾肥。

钠、钾元素的化学性质虽然人们研究了一二百年，由于它们的化合物数以千计，所以对它们的研究还远远不够。近年来，人们又开辟了崭新的领域。钠、钾原子具有很低的电离能，在液氨溶液中可形成深蓝色的溶液。这种溶液很奇特，具有优异的导电性能。饱和的钠氨溶液的电导接近纯金属的电导，溶液变稀，电导突然降低；溶液再稀，电导反而又升高。利用先进的测试仪器确认这种溶液中有负一价的钠离子存在。利用钠负离子可以制成半导体。相信不久在这个领域又会有新的科技成果出现。

 知识点

还原性

还原性是相对氧化性（氧化性是指物质得电子的能力）来说的，能还原别的物质，即具有还原性。从微观角度讲，就是物质失去电子的难易程度，容易失去电子的还原性就强。越活泼的金属元素的单质，是越强的还原剂，具有越强的还原性。由此可见，元素的金属性的强弱跟它的还原性强弱是一致的。常见金属的活动性顺序，也就是还原性顺序。

用光谱线命名的元素——铷

19 世纪 50 年代初，住在汉堡城里的德国化学家本生，发明了一种燃烧煤气的灯，这种本生灯现在在我们的化学实验室里还随处可见。他试着把各种

德国化学家本生（1811—1899）

物质放到这种灯的高温火焰里，看看它们在火焰里究竟有什么变化。

变化果真是有的！火焰本来几乎是无色的，可是当含钠的物质放进去时，火焰却变成了黄色；含钾的物质放进去时，火焰又变成了紫色……连续多次的实验使本生相信，他已经找到了一种新的化学分析的方法。这种方法不需要复杂的试验设备，不需要试管、量杯和试剂，而只要根据物质在高温无色火焰中发出的彩色信号，就能知道这种物质里含有什么样的化学成分。

但是，进一步的试验却使本生感到烦恼了，因为有些物质的火焰几乎亮着同样颜色的光辉，单凭肉眼根本没法把它们分辨清楚。

这时，住在同一城市里的研究物理学的基尔霍夫决定帮本生的忙。他想既然太阳光通过三棱镜能够分解成为由七种颜色组成的光谱，那为什么不可以用这个简单的玻璃块来分辨一下高温火焰里那些物质所发出的彩色信号呢？

基尔霍夫把自己的想法告诉了本生，并把自己研制的一种仪器——分光镜交给了他。

他们把各种物质放到火焰上去，使物质变成炽热的蒸气，由这蒸气发出来的光，通过分光镜之后，果然分解成为由一些分散的彩色线条组成的光谱——线光谱。蒸气成分里有什么元素，线光谱中就会出现这种元素所特有的、跟别

德国化学家基尔霍夫（1824—1887）

的元素不同的色线：钾蒸气的光谱里有两条红线，一条紫线；钠蒸气有两条挨得很近的黄线；锂的光谱是由一条亮的红线和一条较暗的橙线组成的；铜蒸气有好几条光谱线，其中最亮的是两条黄线和一条橙线，等等。

这样就给人们找到了一种可靠的探索和分析物质成分的方法——光谱分析法。光谱分析法的灵敏度很高，能够"察觉"出几百万分之一克甚至几十亿分之一克的不管哪一种元素。

分光镜扩大了人们的视野。你把分光镜放在光线的过道上，谱线将毫无差错地告诉你发出这种光线的物质的化学元素的成分是什么。

本生拿着分光镜研究过很多物质。在 1861 年，他在一种矿泉水里和锂云母矿石中，发现了一种产生红色光谱线的未知元素。这个新发现的元素就用它的光谱线的颜色铷来命名（在拉丁语里，铷的含意是深红色）。

铷的发现，是用光谱分析法研究分析物质元素成分取得的第一个胜利。

知识点

试　剂

试剂又称化学试剂或试药，主要是实现化学反应、分析化验、研究试验、教学实验、化学配方使用的纯净化学品。一般按用途分为通用试剂、高纯试剂、分析试剂、仪器分析试剂、临床诊断试剂、生化试剂、无机离子显色剂试剂等。

▎做原子钟的金属——铯

1860 年，德国化学家本生和基尔霍夫在对矿泉水进行研究时，先分出钙、锶、镁、锂等元素后，将母液滴在火焰上，用分光镜进行光谱分析时，发现其焰光有两条不知来源的蓝线，他们证明是一种新元素。

20 年后的 1881 年，同样是德国化学家的塞特贝格首次用电解法分离出金属铯。

新元素被命名为 Caesium（铯），源自拉丁语"天空的蓝色"之意。

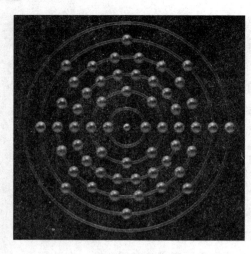

铯原子结构图

如果有人问，自然界里最软的金属元素是什么？你可以这样回答，铯就是最软的金属，它甚至比石蜡还软。

铯具有活泼的个性，它本来披着一件漂亮的银白色的"外衣"，可是一与空气接触，马上就换成了灰蓝色，甚至不到1分钟就自动地燃烧起来，发出玫瑰般的紫红色或蓝色的光辉；把它投到水里，会立即发生强烈的化学反应，着火燃烧，有时还会引起爆炸。即使把它放在冰上，也会燃烧起来。正因为它这么地"不老实"，平时人们就把它"关"在煤油里，以免与空气、水接触。

最有意思的是，铯的熔点很低，很容易就能变成液体。一般的金属只有在熊熊的炉火中才能熔化，可是铯却十分特别，熔点只有28.5℃，除了水银之外，它就是熔点最低的金属了。大家都知道，我们人体的正常温度是37℃，所以把铯放到手心里，它就会像冰块掉进热锅里那样很快地化成液体，在手心里滚来滚去。

在自然界里，铯的分布相当广泛，岩石、土壤、海水以至某些植物机体，到处都有它的"住地"。可是铯没有形成单独的矿场，在其他矿物中含量又少，所以生产起来很麻烦。一年下来，生产出的铯很少，"物以稀为贵"，现在铯比金子还贵。

用铯可以做成最准确的计时仪器——原子钟。

一说到钟，你们自然明白这是一种计量时间的工具。人类的生活和生产活动离不开计时，想想看，如果有一天起床后，世界上所有的钟表都不翼而飞了，世界会变成什么样子呢？

过去，人们确定时间都拿地球的自转作为基准。地球是个天然的计时器，它每昼夜绕轴自转一周，寒来暑往，年年如此。人们把地球自转1周所需要的时间定为1天——24小时，它的1/86400就是1秒，秒的时间单位就是这样来的。

但是，后来人们发现，由于潮汐力等许多因素的影响，地球不是一个非常准确的"时钟"。它的自转速度是不稳定的，时快时慢。虽然这种快慢的差别极小，但累计起来，误差就很大了。

有没有一种更准确的计时仪器呢？人们开始打破旧的传统习惯，大的一头不行，往小的一头探索。人们发现：铯原子的第六层，即最外层的电子绕着原子核旋转的速度，总是极其精确地在几十亿分之一秒的时间内转完一圈，稳定性比

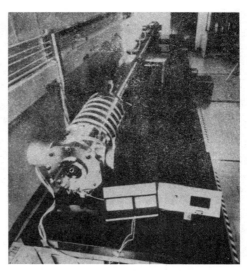

铯原子钟图

地球绕轴自转高得多。利用铯原子的这个特点，人们制成了一种新型的钟——铯原子钟，规定 1 秒就是铯原子"振动"9192601770 次（即相当于铯原子的最外层电子旋转这么多圈）所需要的时间。这就是"秒"的最新定义。

利用铯原子钟，人们可以十分精确地测量出十亿分之一秒的时间，300 年来积累起来的时间总误差不超过 5 秒，精确度和稳定性远远地超过世界上以前有过的任何一种表，也超过了许多年来一直以地球自转作基准的天文时间。

人类创造性的劳动得到了收获。大家知道，在我们日常生活里，只要知道年、月、日以至时、分、秒就可以了。但是现代的科学技术却往往需要精确地计量更为短暂的时间，比如毫秒（1/1000 秒）、微秒（1/1000000 秒）等。有了像铯原子钟这样一类的钟表，人类就有可能从事更为精细的科学研究和生产实践，比如对原子弹和氢弹的爆炸、火箭和导弹的发射以及宇宙航行等，实行高度精确的控制，当然也可以用于远程飞行和航海。

为了征服宇宙，必须有一种崭新的、飞行速度极快的交通工具。一般的火箭、飞船都达不到这样的速度，最多只能冲出地月系；只有每小时能飞行十几万千米的"离子火箭"才能满足要求。

有的人可能会问：我们只知道原子、分子，怎么又出来一个离子？离子是什么呀？

离子火箭

简单说吧，大家都知道，正常的分子、原子等粒子是电中性的，表现不出带有什么电荷；而离子却是带电（正电或负电）的粒子，分子、原子等带一电荷就成了离子（正离子或负离子）。

前面我们已经说过，铯原子的最外层电子极不稳定，很容易被激发放射出来，变成为带正电的铯离子，所以是宇宙航行离子火箭发动机理想的"燃料"。

铯离子火箭的工作原理是这样的：发动机开动后，产生大量的铯蒸气，铯蒸气经过离化器的"加工"，变成了带正电的铯离子，接着在磁场的作用下加速到 150 千米/秒，从喷管喷射出去，同时铯离子火箭以强大的推动力，把火箭高速推向前进。

计算表明，用这种铯离子作宇宙火箭的推进剂，单位重量产生的推力要比现在使用的液体或固体燃料高出上百倍。这种铯离子火箭可以在宇宙太空遨游一两年甚至更久！

离 子

同原子、分子一样，离子也是构成物质的基本粒子，是指原子由于自身或外界的作用而失去或得到一个或几个电子使其达到最外层电子数为 8 个或 2 个的稳定结构。这一过程称为电离。电离过程所需或放出的能量称为电离能。当原子得到一个或几个电子时，核外电子数多于核电荷数，从而带负电荷，称为阴离子。当原子失去一个或几个电子时，核外电子数少于核电荷数，从而带正电荷，称为阳离子。

珍贵的稀有金属铍

有一种翠绿晶莹、光耀夺目的宝石叫绿柱石。它过去是供贵族玩赏的宝物，今天成了劳动人民的珍品。为什么我们也把绿柱石当做珍品呢？这倒不是由于它有一副漂亮诱人的外表，而是因为它那里面含有一种珍贵的稀有金属——铍。

1798年法国矿物学家霍伊观察到祖母绿和一般矿物绿柱石的光学性质相同，从而发现了铍。根据霍伊的要求，法国化学家沃奎林对绿柱石和祖母绿进行化学分析，当他把苛性钾溶液加入绿柱石的酸溶液之后，得到一种不溶于过量碱的氢氧化物沉淀。他证明这两种物质具有同一组成，并含有一种新元素。

铍盐有甜味，被称为甜土，这种新元素最早被命名为"鉫"，（glucinium），该词来自法语"glucose"，是"葡萄糖"的意思。后来因为发现镱的盐类也同铍盐一样具有甜味，"鉫"被改称为"铍"，希腊语"绿柱石"之意。"铍"（beryllium）这一名称是德国化学家维勒命名的。1828年维勒用金属钾还原铍土得到纯的金属铍粉末。

"铍"的含意就是"绿宝石"。过了差不多30年，人们用活泼的金属钙和钾还原氧化铍和氯化铍，制得了纯度不高的第一块金属铍。又过了将近70年，人们才对铍进行小规模的加工生产。近30年来，铍的产量逐年激增。现在，铍"隐姓埋名"的时期已经过去，人们每年要生产好几百吨的铍。

看到这里，有的读者可能会提出这样的问题：为什么铍的发现时间这么早，而在工业上的应用却这样晚呢？

关键在铍的提纯工作上，要从铍矿石中把铍提纯出来很困难，而铍又偏偏特别

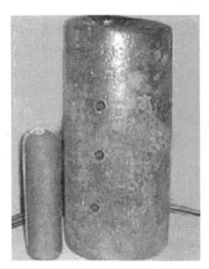

金属铍

喜欢"清洁"，铍中只要含有很少一点点杂质，就会使它的性能发生很大的变化，失去许多优良的品质。

现在的情况当然大有改观了，我们已经能够采用现代的科学方法生产出纯度很高的金属铍。铍的许多特性我们都"了如指掌"：比重比铝轻 1/3；强度跟钢差不多，传热本领是钢的 3 倍，是金属中良好的导体；透 X 射线的能力最强，有"金属玻璃"之称。

拥有这么多优异的性能，怪不得人们称誉它是"轻金属中的钢"呢！

◼◼◼ 各有"特性"的碱土金属

碱土金属是元素周期表中的第二主族元素，包括铍、镁、钙、锶、钡、镭 6 种元素。它们的化学活泼性仅次于钠、钾等碱金属元素。由于它们的氧化物具有碱性，熔点极高，所以叫做碱土金属。

这一族元素就像亲兄弟一样，"相貌"和"脾气"相似，但还有各自的独特"性格"。

除铍是钢灰色外，其余都是银白色金属。由于它们原子最外层只有 2 个电子，所以，都是非常活泼的金属。在自然界中它们从不以单质状态存在，而要得到它们的单质，一般用熔盐电解的方法。

它们的化学活泼性依铍到钡的顺序而增加。如，钙在常温下不与氧作用；而锶暴置在空气中会迅速被氧化；钡在潮湿空气中就可以自燃。

它们虽然都是轻金属，但是硬度却很大。铍能和钢铁相比。如在铜里加入 2.5% 的铍形成的合金，其硬度可以增加 6 倍。镁铝合金比钝铝更坚硬，所以大量用于飞机制造工业，成为重要的"国防金属"。

它们在火焰中燃烧，会发出不同颜色美丽的光辉。如镁在空气中燃烧会发出耀眼的白光；钙燃烧产生砖红色光芒；钾产生的洋红色非常鲜艳；钡燃烧时也发出格外好看的绿色的光。我们节日所放的焰火中就是因为加入了碳酸锶、硝酸钡等物质才发出了五光十色、绚丽多彩的光，更增添了节日的欢乐气氛。

除此以外，这 6 兄弟还能与硫、氮、磷、氧化合，形成相应的化合物。前面提到过，它们的氧化物熔点较高，常用于制耐火砖、坩埚、熔炉的衬里以及绝缘材料。钙、锶、钡还有一个与碱金属类似的"脾气"——形成过氧化物和超氧化物。其中只有过氧化钡容易制得并且有重要用途。在潜艇中用它吸收二氧化碳并放出氧。

我们还是着重讲一下镁和钙吧！

镁是英国化学家戴维在 1808 年用电解法首先发现的。镁很轻但十分坚硬，结构性能也不错。

因为镁在空气中燃烧时能发出耀眼的亮光，所以人们便用镁粉来制成闪光粉，供夜间摄影用。另外，人们也用镁粉来制成照明弹、焰火等。

不过，镁的最重要的用途是用来制造合金，如前面提到的"国防金属"镁铝合金。

金属镁

镁最重要的化合物是氧化镁和硫酸镁。氧化镁熔点非常高，达 2800℃，是很好的耐火材料。砌高炉用的"镁砖"，就含有许多氧化镁，它能耐得住2000℃以上的高温。氧化镁也被用来制造水泥和纤维板。

在生物学上，镁极为重要。因为它是叶绿素分子中的核心原子——在镁原子的周围，围着许许多多氢原子、氧原子等，组成叶绿素分子。在叶绿素中，镁的含量达 2%。要是没有镁，就没有叶绿素，也没有绿色植物，没有粮食和青菜了。据估计，在全世界的植物体中，镁的含量高达 100 亿吨。在土壤中施镁肥，可以显著地提高产量，尤其是甜菜。

在大自然中，镁是分布很广的元素之一。在地壳中，镁的含量约为 14‰。

金属钙是英国化学家戴维和瑞典化学家柏齐利马斯在 1809 年制得的。钙是银白色的金属，比锂、钠、钾都要硬、重，在 815℃时熔化。

在工业上，金属钙的用途很有限，如作为还原剂，用来制备其他金属；用作脱水剂，制造无水酒精；在石油工业上，用作脱硫剂；在冶金工业上，用它去氧或去硫。然而钙的化合物，却有着极为广泛的用途，特别是在建筑工业上。

比如常用的大理石，就是石灰石中的一种。石灰石的化学成分是碳酸钙，它常被用来修水库、铺路、筑桥。

石灰石可在石灰窑中，和焦炭混合在一起煅烧后，制成生石灰。生石灰的化学成分是氧化钙。硫酸钙也是钙的重要化合物，俗名石膏。在工业上，人们用石膏做成各种模型，来浇铸金、银、铝、镁、铜以及这些非铁金属的合金。

钙是人体和动物必不可缺的元素。人和动物骨骼的主要成分，便是磷酸钙。血液中也含有一定量钙离子，没有它，皮肤划破了，血液将不易凝结。据测定，人一昼夜需摄取 0.7 克钙。在食物中，以豆腐、牛奶、蟹、肉类含钙较多。植物也很需要钙，尤其是烟草、荞麦、三叶草等。

在大自然中，钙是存在最普遍的元素之一，占地壳原子总数的 1.5%。在所有的化学元素中，钙在地壳中的含量仅次于氧、铝、硅、铁，居第五位。

在碱土金属中，最与众不同的要数镭了。

镭有一个最奇特的"脾气"——能放出射线，它的放射性比铀还要强好几万倍。

硫化锌、硫化镉在镭射线照射下，能发出浅绿色荧光。夜光表就是利用这一原理制成的。另外，镭射线能破坏动物体，杀死细胞细菌，所以可用它来医治癌症。

知识点

氧化物

氧化物是指由两种元素组成且其中一种是氧元素的化合物。按照不同标准，氧化物有几种分类，如组成元素中另一种元素若为金属元素，则为金属氧化物；若为非金属，则为非金属氧化物。按照是否与水生成盐，以及生成的盐的类型可分为：酸性氧化物、碱性氧化物、两性氧化物、不成盐氧化物、假氧化物、过氧化物、超氧化物、臭氧化物和类似氧化物九类。

硼族元素

PENGZU YUANSU

硼族元素指元素周期表中ⅢA族所有元素，共计硼、铝、镓、铟、铊和Unt六种，其中Unt为人工合成元素，其余硼族元素在自然界均有存在。铝为自然界分布最广泛的金属元素，镓、铟、铊在地壳中以硫化物形式存在。

硼族元素的最大特征是易于失去电子，成为缺电子化合物。在这六种硼族元素中，硼、铝都是亲氧元素，在自然界中它们大量以含氧化合物形式存在；硼烷类比硅烷类不仅种类要多，而且更稳定；硼、铝的氟化物比硅的氟化物稳定性更大。

无机材料的后起之秀——硼

据记载，早在古代埃及时制造玻璃就已使用硼砂作熔剂，但是硼酸的化学成分在19世纪初还是个谜。1807年英国化学家戴维报告了用电解法在两白金面之间电解湿硼酸以及在一个金属管中用钾还原硼酸制得了硼。1809年法国化学家盖·吕萨克和锡纳尔德用金属钾还原无水硼酸 B_2O_3 取得了单质硼。硼的命名源自阿拉伯文，原意指硼砂"Borax"及相似的化合物"Borate"。

硼在国外常被列为稀有元素，但我国却有丰富的硼砂矿，所以硼在我国是丰产元素。

说到硼元素，大家可能不会感到陌生，医院里常用的消毒水——硼酸，工业上用的硼砂，都是大家经常接触到的硼的化合物。

硼，是与生物世界息息相关的元素。甜菜、小麦、稻谷、苹果、柑橘等，都离不开硼，硼是保证它们苗状生长的"维生素"。在我们的日常生活中也常常遇到硼，比如，五颜六色的瓷器、彩色电视机等都有硼的一份功劳。更引人注目的是近年来硼进入了尖端科学技术领域，尤其在航天事业上，硼发挥了杰出的作用，被誉为无机材料的后起之秀。

硼在化学元素周期表中排在第五号，它的原子半径很小，原子最

法国科学家盖·吕萨克（1778—1850）

外层有三个电子，被核正电荷紧紧吸引，很难丢失，所以硼总是趋向于得到电子。它是一个非金属元素，在铝、硅之中更像硅。单质硼的晶体是正二十面体，每个面是等边三角形。在化学反应中，硼总是倾向于以这种多面体的习性形成化合物，而硼的这种复杂成键特征，用一般的化学键理论是无法解释的。正是由于硼元素的这种结构，使它能够形成多种形式的化合物，如硼烷、碳硼烷、有机金属硼烷等。无怪乎有人说：硼化学几乎可以和碳的化学（有机化学）相媲美。曾经在这个领域做出过突出贡献的科学家李普斯昆获得了 1976 年诺贝尔奖。然而，化学家在开辟这个新领域的征途中曾历尽艰辛。

早在 1881 年，人们就试图制取单个的硼氢化合物，但是，这些物质太活泼了，很容易受水的进攻，在空气中可以自动燃烧。直到 1912 年，德国化学家史托克首次发明了用金属汞制成的低温真空操作仪器，才获得了一个个硼氢化合物。史托克为硼化学奋斗了整整 20 年。不幸的是，由于长期与汞打交道，史托克和他的同事们得了汞慢性中毒症，头痛、肢体麻木、精神疲倦、

记忆减退、丧失视觉。他们以现身说法向人们大声疾呼：小心汞中毒。从此以后，人们对汞的毒害作用予以了足够的重视。

硼有八种同素异形体。晶体状态的硼硬度特别高，和金刚石接近，化学性质也特别稳定，只有在高温下才与氧、氯、硫发生反应。硼在自然界主要以化合物形式存在，硼占地壳总重量的 0.001%。我国有着丰富的硼矿资源，在西藏的湖泊中就有大量的硼砂固体。16 世纪 50 年代，西藏的硼砂曾经垄断世界市场。

游离态的硼用途不太大。在工业上，在铝、铜等金属里加上百万分之一的硼，可以改善这些金属的

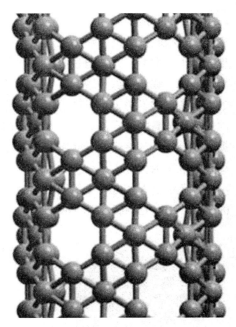

硼纳米管图

机械性能。硼砂的用途要广得多。硼的化合物早期主要应用在冶金、陶瓷、造纸、玻璃、食品等工业部门。随着现代科学技术的发展，硼元素成了航天事业不可缺少的材料。硼烷是比较理想的高能燃料，每千克硼烷的燃烧热值高达 15000 千卡。作为火箭的动力，可以把几十吨重的人造天体送到九霄云外。硼纤维的抗张强度为每平方厘米 75 千克之多。它耐高温、耐腐蚀、寿命长、质量轻，所以它可以用来做火箭的喷嘴、卫星的天线支承杆、设备平台的支承杆，还可以制造航天飞机的推力结构架。硼的有机化合物作为耐高温黏合剂，曾用于登月的阿波罗飞船。用这种黏合剂黏合的密封部件与传统的铆合、焊接、拴合相比，不仅黏得牢固，而且大大减轻部件重量。

大家知道，我们日常生活离不开电，同样，在太空飞行的卫星、飞船等也都离不开电。这些人造天体上用的太阳能电池一般都是用硅硼磷作 P—N 结，这种"发电站"比其他材料做成的电池寿命长。为了解决地球上的能源危机，有人还设想在地球的同步轨道上建造太阳能电站，然后用微波传送给地球。实现这个美好的愿望，也少不了元素硼。

硼在原子能工业和冶金工业上的应用也是出类拔萃的。硼的同位素是优良的中子吸收剂，可以作为核反应堆的控制棒。三氟化硼还可以制成核反应堆的中子计数器。人们通过中子计数器可以随时得到热核反应的信息。在冶金工业中，硼还可以代替钼、铬、镍等贵重的金属。在钢里掺入十万分之几的硼，造出的不锈钢，强度可以大大提高。这种不锈钢是制造喷气发动机和内燃汽轮机高强度零件的好材料。在铜和铝中掺入万分之几的硼，可以大大提高导电性。氮化棚的硬度比金刚石还高，熔点达3000℃以上，是很好的抗高温、抗腐蚀材料。

硼元素是人体内的微量元素之一。虽然它的营养功能至今还没有结论性的证据，但它是细胞不可少的成分。

稀有元素硼

硼还是庄稼、果树的亲密朋友。农业化学家在研究油菜的生长时，发现有块农田油菜苗植株矮小，光开花不结果，最后枯萎。施用八两硼砂后，油菜的生长却面目一新，枝粗苗壮，产量成倍地增长。甜菜缺硼就会丧失对细菌的抵抗力，发生腐心病，幼苗死亡；棉花缺硼会发生落桃现象；大豆缺硼，根瘤菌不能很好地固氮；苹果缺硼，果肉中会出现坚硬的斑块，果皮会出现凹陷和坏死。科学研究证明，豆科植物、十字花植物、麻类、果树等都需要微量的硼，而这种微量的营养元素是氮磷钾不能代替的。在植物体内硼参与碳水化合物的转化和运输、调节水分以及氧化还原反应的过程，它又是开花结果和生长点再生所必需的营养成分。所以，目前已普遍受到农业化学家的重视。

这里应当指出的是，硼的许多化合物是有毒的，必须引起人们的充分重视。在1906年俄国就禁止用硼的化合物保存食品。硼酸的致死量是4克，而硼氢化合物有剧毒，乙硼烷的毒性与光气不相上下。得了硼中毒症就会食欲不振、呕吐、咳嗽、发炎，头痛等。不过只要我们科学地使用它，驾驭它，

硼就不会给人类带来严重的危害。

随着现代科学技术的发展，可以预见，初露头角的硼元素必将开出更加绚丽多彩的花朵，结出更加丰硕的果实。我国有丰富的硼矿，它在我国建设中将会发挥越来越大的作用。

无机材料

无机材料是由无机物单独或混合其他物质制成的材料。通常指由硅酸盐、铝酸盐、硼酸盐、磷酸盐、锗酸盐等原料和（或）氧化物、氮化物、碳化物、硼化物、硫化物、硅化物、卤化物等原料经一定的工艺制备而成的材料。一般可将无机材料分为传统无机材料和新型无机材料两大类。传统无机材料是指以二氧化硅及其硅酸盐化合物为主要成分制备的材料，又称硅酸盐材料。新型无机材料是用氧化物、氮化物、碳化物、硼化物、硫化物、硅化物以及各种非金属化合物经特殊的先进工艺制成的材料。

地壳中最多的金属——铝

早在公元前 5 世纪就已有应用明矾作收敛剂、媒染剂的记载。1824 年，丹麦的物理化学家厄斯泰德将氯气通入黏土与木炭的炽热混合物，然后将所得的无水氯化铝与钾汞齐一起加热，第一个制备出不纯的金属铝。

许多人常以为铁是地壳中最多的金属，其实，地壳中最多的金属是铝，其次才是铁。铝占整个地壳总重量的 7.45%，差不多比铁多一倍。地球上到处都有铝的化合物，像最普通的泥土中，便含有许多氧化铝。我们和铝打交道不少，如衣袋里的硬币、钥匙、钢笔帽；餐桌上的调羹、饭盒、炒锅；房间里的门把手、暖瓶壳、铝制家具；天地间的飞机、汽车、轮船等。衣食住行，离开铝简直寸步难行。

传统的镀银穿衣镜，正在被真空镀铝镜代替；铅和锡夹层的牙膏袋，也被铝皮牙膏袋代替了；包糖果、卷烟的锡纸，早已名不副实，变成了铝箔；

那金光闪闪的"金纸"——铝做的，那银白雪亮的银粉油漆——搀的是铝粉；甚至姑娘衣衫上那黄澄澄的"铜"纽扣，廉价的"金银"首饰，织在衣料里的金银丝，都是铝做成的。

生活中无所不在的铝

可是，在100多年前，铝曾被列入稀有金属的行列，称为"银色的金子"，比黄金还要珍贵。

法国皇帝拿破仑三世为了显示阔绰，将他的军旗族头上的银鹰换成了铝鹰。逢盛大国宴，他拿出珍藏的铝质餐具，在宾客面前炫耀一番，好像国宝一样。

发现元素周期律的俄国化学家门捷列夫，曾经接受过英国皇家学会的崇高奖赏——一只普普通通的铝杯。

原来，铝的发现和工业化生产，历史很短，一向被称为"年轻的金属"。

化学史上，常认为德国的维勒是最先发现铝的化学家。1827年，维勒将金属钾和无水氯化铝放在坩埚里一起加热，冷却后投入水中，得到银灰色的金属铝粉来。

30年后，法国化学家德维尔用金属钠还原氯化铝，使铝成为工业产品。但是当时金属钠价格高昂，用金属钠生产出来的铝比黄金还要贵好几倍。铝仍然不能成为普通的商品。

当时，有人讨好德维尔，说德维尔制造的铝比维勒强多了，德维尔才是铝的发现者呢。可是，德维尔却不听恭维，十分讨厌拨弄是非。他铸造了一枚铝质纪念章，上面印制了维勒的头像和名字，并特意标出"1827"——维勒发现铝的年代，赠给维勒表示敬意。两人因此成了亲密的朋友，在科学史上传为佳话。

21岁的美国大学生豪尔决心攻关，使铝的生产成本大大降低。在他的老师——维勒的学生的鼓励下，他于1886年用电解法制铝获得成功。豪尔拿到一批银亮的纽扣大小的铝球，欣喜若狂，捧着跑进老师的房间里报喜。从此，铝变成廉价的商品。

　　美国铝公司的展柜里，至今还陈列着豪尔制得的第一批电解铝粒。在豪尔的母校俄柏林大学校园里，矗立着青年大学生豪尔的铝铸像，全校师生引以为荣。

　　几乎同时，大洋彼岸 21 岁的法国青年大学生埃罗也成功地用电解法制得了铝。当他闻讯豪尔的成就时，毫不嫉妒，还和豪尔交流试验情况，互相切磋，成为莫逆之交。和得维尔向维勒表示敬意一样，埃罗远涉重洋到美国祝贺豪尔荣获柏琴奖章，又为后人留下佳话。

　　从奥斯特炼出第一块不太纯净的铝，到电解法制铝成功，铝成为普通商品，竟然经历了 60 多年的时间。这以后，铝的价格一落千丈，成为日常使用的产量仅仅低于铁的第二大金属。这也说明，铝的化学性质很活泼，不易提炼，所以迟迟才显露出其庐山真面目。

　　名贵的红宝石、蓝宝石，是含有少量铬、钴和铁的天然氧化铝晶体。手表里的"钻"，就是人造红宝石，它坚硬耐磨，坚守在轴承的岗位上。刚玉和金刚砂，是工业上优良的磨蚀材料，硬度仅次于金刚石。它们的化学成分是纯净的氧化铝。而我们脚下的泥土，里面也含有不少铝的氧化物。说黏土是铝的母亲，并不夸张。

　　纯的铝很软，强度不大，有着良好的延展性，可拉成细丝和轧成箔片，大量用于制造电线、电缆、无线电工业以及包装业。

　　铝的导热能力比铁大 3 倍，工业上常用铝制造各种热交换器、散热材料等，家庭使用的许多炊具也由铝制成。与铁相比，它还不易锈蚀，延长了使用寿命。铝粉具有银白色的光泽，常和其他物质混合用做涂料，刷在铁制品的表面，保护铁制品免遭腐蚀，而且美观。由于铝在氧气中燃烧时能发出耀眼的白光并放出大量的热，又常被用来制造一些爆炸混合物，如铵铝炸药等。

　　铝也善于导电。铝的单位面积导电能力是铜的 60%，而铝比铜轻盈得多，所以，相同重量的铝导线和铜导线比较，铝导线要比铜导线

铝　线

导电能力强。高压输电线以铝代铜后，电缆的重量大大减轻，节省了不少铁塔、电杆。电机改用铝线绕制，节约大量宝贵的铜。

冶金工业中，常用铝热剂来熔炼难熔金属。如铝粉和氧化铁粉混合，引发后即发生剧烈反应，交通上常用此来焊接钢轨；炼钢工业中铝常用作脱氧剂；光洁的铝板具有良好的光反射性能，可用来制造高质量的反射镜、聚光碗等。铝还具有良好的吸音性能，根据这一特点，一些广播室，现代化大建筑内的天花板等有的采用了铝。纯的铝较软，1906年，德国冶金学家维尔姆在铝中加入少量镁、铜，制得了坚韧的铝合金，后来，这一专利为德国杜拉公司收买，所以铝又有"杜拉铝"之称。在以后几十年的发展过程中，人们根据不同的需要，研制出了许多铝合金，在许多领域起着非常重要的作用。在某些金属中加入少量铝，便可大大改善其性能。如青铜铝（含铝4% ~ 15%），该合金具有高强度的耐蚀性，硬度与低碳钢接近，且有着不易变暗的金属光泽，常用于珠宝饰物和建筑工业中，制造机器的零件和工具；用于酸洗设备和其他与稀硫酸、盐酸和氢氟酸接触的设备；制作电焊机电刷和夹柄、重型齿轮和蜗轮、金属成型模、机床导轨、不发生火花的工具、无磁性链条、压力容器、热交换器、压缩机叶片、船舶螺旋桨和锚等。在铝中加入镁，便制得铝镁合金，其硬度比纯的镁和铝都大许多，而且保留了其质轻的特点，常用于制造飞机的机身、火箭的箭体，制造门窗、美化居室环境，制造船舶等。

渗铝，是钢铁化学热处理方法的一种，使普通碳钢或铸铁表面上形成耐高温的氧化铝膜以保护内部的铁。铝是一种十分重要的金属，然而，许多含铝化合物对人类的作用也是非常重大的。

铝在地壳中的含量相当高，仅次于硅和氧而居第三位，主要以铝硅酸盐矿石存在，还有铝土矿和冰晶石、氧化铝为一种白色无定形粉末，它有多种变体，其中最为人们所熟悉的是a—aAl_2O_3和g—aAl_2O_3。自然界存在的刚玉即属于aAl_2O_3，它的硬度仅次于金刚石，熔点高、耐酸碱，常用来制作一些轴承，制造磨料、耐火材料。如刚玉坩埚，可耐1800℃的高温。刚玉由于含有不同的杂质而有多种颜色，例如含微量铬（iii）的呈红色，称为红宝石；含有铁（ii），铁（iii）或钛（iv）的称为蓝宝石。g—aAl_2O_3是一种多孔的物质，每克内表面积可高达数百平方米，有很高的活性，又名活性氧化铝，能吸附水蒸气等许多气体、液体分子，常用作吸附剂、催化剂载体和干燥剂等，

工业上冶炼铝也以此作为原料。

氢氧化铝可用来制备铝盐、吸附剂、媒染剂和离子交换剂，也可用作瓷釉、耐火材料、防火布等原料，其凝胶液和干凝胶在医药上用作酸药，有中和胃酸和治疗溃疡的作用，用于治疗胃和十二指肠溃疡病以及胃酸过多症。

偏铝酸钠常用于印染织物，生产湖蓝色染料，制造毛玻璃、肥皂、硬化建筑石块。此外它还是一种较好的软水剂、造纸的填料、水的净化剂，人造丝的去光剂等。

无水氯化铝是石油工业和有机合成中常用的催化剂。例如：芳烃的烷基化反应，也称为傅列德尔—克拉夫茨烷基化反应，是在无水三氯化铝催化下，芳烃与卤代烃（或烯烃和醇）发生取代反应，生成芳烃的烷基取代物。六水合氯化铝可用于制备除臭剂、安全消毒剂及石油精炼等。溴化铝是常用的有机合成和异构化的催化剂。

磷化铝遇潮湿或酸放出剧毒的磷化氢气体，可毒死害虫，农业上用于谷仓杀虫的熏蒸剂。

硫酸铝常用作造纸的填料、媒染剂、净水剂和灭火剂，油脂澄清剂，石油脱臭除色剂，并用于制造沉淀色料、防火布和药物等。

冰晶石即六氟合铝酸钠，在农业上常用作杀虫剂；硅酸盐工业中用于制造玻璃和搪瓷的乳白剂。

由明矾石经加热萃取而制得的明矾是一种重要的净水剂、媒染剂，医药上还用作收敛剂。硝酸铝可用来鞣革和制白热电灯丝，也可用作媒染剂。硅酸铝常用于制玻璃、陶瓷、油漆的颜料以及油漆、橡胶和塑料的填料等，硅铝凝胶具有吸湿性，常被用作石油催化裂化或其他有机合成的催化剂载体。

在铝的羧酸盐中，二甲酸铝、三甲酸铝常用作媒染剂、防水剂和杀菌剂等；二乙酸铝除可作媒染剂外，还被用作收剑剂和消毒剂，也用于尸体防腐液中；三乙酸铝用于制造防水防火织物、药物（含漱药、收敛药、防腐药等），并用作媒染剂等；十八酸铝（硬脂酸铝）常用于油漆的防沉淀剂、织物防水剂、润滑油的增厚剂、工具的防锈油剂、聚氯乙烯塑料的耐热稳定剂等；油酸铝除用作织物等的防水剂、润滑油的增厚剂外，还用于油漆的催干剂、塑料制品的润滑剂等。

硫糖铝又名胃溃宁，学名蔗糖硫酸酯碱式铝盐，它能和胃蛋白酶结合，直接抑制蛋白分解活性，作用较持久，并能形成一种保护膜，对胃黏膜有较强的保护作用和抑酸作用，帮助黏膜再生，促进溃疡愈合，毒性低，是一种良好的胃肠道溃疡治疗剂。

近些年，人们又开发了一些新的含铝化合物，如烷基铝等，随着科学的发展，人们将会更好地利用铝及化合物福人类。

有资料报道，铝盐可能导致人的记忆力丧失。澳大利亚一个私营研究团体认为：广泛使用铝盐净化水可能导致脑损伤，造成严重的记忆力丧失，这是早老性痴呆症特有的症状。研究人员对老鼠的实验表明，混在饮水中的微量铝进入老鼠的脑中并在那里逐渐积累，给它们喝一杯经铝盐处理过的水后，它们脑中的含铝量就达到可测量的水平。

世界卫生组织提出人体每天的摄铝量不应超过每千克体重 1 毫克。一般情况下，一个人每天摄取的铝量绝不会超过这个量，但是，经常喝铝盐净化过的水，吃含铝盐的食物，如油条、粉丝、凉粉、油饼、易拉罐装的软饮料等，或是经常食用铝制炊具炒出的饭菜，都会使人的摄铝量增加，从而影响脑细胞功能，导致记忆力下降，思维能力迟钝。

铝及其化合物对人类的危害与其贡献相比是无法相提并论的，只要人们切实注意，扬长避短，它对人类社会将发挥出更为重要的作用。

 知识点

媒染剂

媒染剂是指染料通过某种媒介物上染于织物而达到染色目的的所用的物质。酸性媒介染料染色毛织物时所用的媒染剂，主要是重铬酸盐、铝盐、铜盐及钴盐。媒染剂和色素结合形成色素沉淀以达到染色效果。使用媒染剂时，可以将媒染剂混合在色素液里来染色，或是先用媒染剂进行染色前处理，然后用色素液染色，还可以先色素液染色，后用媒染剂。这三种方法依次称为同媒染、前媒染和后媒染。媒染剂和天然染料之间有着密不可分的关系。绝大多数天然染料在染色时，都要借助媒染剂来达到染色牢固，色相丰富，提高颜色的明度、彩度等目的。

■■■ 奇妙的"稀散金属"镓

　　1875 年，法国化学家布瓦邦德朗在用光谱分析法分析从比利牛斯山的闪锌矿得到的提取物时，发现了门捷列夫在周期表中预言的"类铝"——镓。他先把矿石溶解，再于溶液中加入金属锌，即在锌上有沉淀生成，此沉淀用氢氧焰燃烧，再用分光镜检查，发现两条从未见过的新谱线，其波长约为 417nm（纳米），进一步研究后确定为一新元素。当年，他用电解方法制得这种金属。

　　为了纪念自己的祖国法兰西，布瓦邦德朗把新发现的元素命名为"镓"（Gallium），即法国的古名"家里亚"，它源自于法国的拉丁名称：Gallia。但是，也有人指出，他本人的名字 Lecoq 在法语中意为"雄鸡"，也就是拉丁语中的"Gallus"，因此，有人怀疑布瓦邦德朗用自己的名字命名了一种新元素。

　　镓是一种有白色光泽的软金属，熔点出奇的低，只有 29.78℃。取一小粒镓放在手心里，过不多久就熔化成小液珠滚来滚去，像水银珠一样。

　　镓在地壳中的量约为 0.0004%，与锡差不多，不算太少。然而，锡矿比较集中，镓在自然界的分布却非常分散，几乎没有单独存在的镓矿，所以镓又称作"稀散金属"。镓有时和铝混合在一起，存在于铝土矿里。这是因为镓和铝在元素周期表里都属于第三主族，而镓离子和铝离子大小也差不多，所以它们就容易在一种矿石里共存。又因为镓原子和锌原子大小也接近，所以镓和锌也容易同处于散锌矿中。镓还容易和锗共存于煤中。所以煤燃烧后剩下的烟道灰里就含有微量的镓和锗。

　　镓的很多宝贵特性和它的纯度有关。用普通化学方法提炼，最多只能得到 99.99% 的纯度，也就是平常说的四个九。近半个世纪以来，人们在镓的提纯方面获得极大进展，从而推进了镓的应用。

　　镓的化学性质和铝很相似，也和同一族的金属铟、铊很相似。在平常的温度下，镓在干燥的空气中不起变化。只有赤热时，才能被空气氧化。镓对水也非常稳定，在室温下，金属镓就能和氯或溴强烈作用。硫酸，特别是盐酸容易溶解镓。强酸溶液或氢氧化铵溶液也容易溶解镓。镓的氢氧化物也能溶解于强碱溶液之中，生成镓酸盐。氢氧化镓的酸性比氢氧化铝还要强些。

在化学上，这叫做具有"两性"性质。就是说，这种物质既具有碱性，也具有酸性。

镓的熔点很低，它熔化后不容易凝固。当镓处于液体状态的时候，受热后体积均匀地膨胀。平常的水银温度计对测量炼钢炉、原子能反应堆的高温无能为力，因为水银在356.9℃会化作蒸汽。镓的沸点高达2070℃，从熔点30℃到沸点2070℃温度范围很宽，这样，镓就可以做高温温度计的材料。

人们还利用镓熔点低的特性，把镓跟锌、锡、钢这些金属掺在一起，制成低熔点合金，把它用到自动救火龙头的开关上。一旦发生火灾，温度升高，这种易熔合金做的开关保险熔化，水便从龙头自动喷出灭火。

液体镓也可用来代替水银，用于各种高真空泵，或者紫外线灯泡。在原子反应堆里，还用镓来做热传导介质，把反应堆中的热量传导出来。镓能紧密地粘在玻璃上，因此，可以制成反光镜，用在一些特殊的光学仪器上。

镓还有一些奇妙的特性。大多数金属是热胀冷缩的，然而镓却是冷胀热缩。当镓从液体凝结成固体时，体积要膨胀3%。所以，镓跟大多数的金属相反，液体的比重反而比固体的大。因此，金属镓应当存放在塑料的或橡胶制的容器里。如果装在玻璃瓶子里，一旦液态的镓凝固时，体积膨胀，会把瓶子撑破。

镓属于元素周期表的第三族。它和第五族元素——砷、锑、磷、氮化合后，形成一系列具有半导体性能的化合物。例如砷化镓、锑化镓、磷化镓等，都具有良好的半导体性能，是目前实际应用较多的半导体材料。

原先以真空电子管为核心的电子设备大多笨重。自从以镓等金属为原料的半导体出现以后，使许许多多的电子设备体积大为缩小，从而实现了小型化、微型化，甚至还可以制成集成板块电路，在整个电子工业技术领域引起一场深刻的革命。砷和镓的化合物——砷化镓，是近年来新发展起来的一种性能优良的半导体材料。用砷化镓可以制成砷化镓激光器，这是一种功效高、体积小的新型激光器。镓和磷的化合物——磷化镓是一种半导体发光材料。它能够发射出红光或绿光。人们把它做成各种阿拉伯数字形状，在有的电子计算机里，就利用它来显示计算结果。

金属镓还有一个奇异的特性，就是它在低温时，有良好的"超导性"。在接近绝对零度即−273.16℃时，电阻变得极低，几乎等于零。这时，它的导电性能非常好。如果在这样低的温度下通电，电流的损失是微不足道的。这种性质叫做"超导性"。早在 1911 年，人们就发现了超导现象。用超导材料制造电机，不仅可以节省能量消耗，而且大大节约原材料。一台常规的 5884 千瓦电机重 379 吨，采用超导材料后仅重 40 吨，总造价下降一半。要建造 500 万千瓦以上的大型电机，几乎非用超导技术不可。采用超导材料作远距离输电线十分经济，输送效率可达 99.5% 以上，损耗极少。

现在人们正在千方百计地努力寻找在较高温度下，甚至在室温下还保持超导性能的新材料。1 个镓原子和 3 个钒原子化合所形成的化合物（俗称"钒三镓"），即是这种超导材料。

应当注意的是，镓及其化合物有毒，毒性远远超过汞和砷！医学家们发现，镓可以损伤肾，破坏骨髓。镓沉积在软组织中，能造成神经、肌肉中毒。它可能与引起肿瘤、抑制正常生长有关。

氢氧化物

氢氧化物是指元素与氢氧原子团（—OH）形成的无机化合物，通常是指金属氢氧化物。一般金属元素的氢氧化物呈碱性，易溶的碱金属、碱土金属氢氧化物为强碱，难溶的金属氢氧化物为弱碱。非金属元素的氢氧化物呈酸性，也有一些元素的氢氧化物呈两性，称两性氢氧化物，如氢氧化铝。氢氧化物具有碱的特性，能与酸生成盐和水，与可溶的盐进行复分解反应，受热分解为氧化物和水。

碳族元素
TANZU YUANSU

碳族元素指的是元素周期表ⅣA族的所有元素，包括碳、硅、锗、锡、铅五种元素。它们电子排布相似，有4个价电子。碳、硅是非金属，锗是金属元素，但金属性较弱，锡和铅是更为典型的金属元素。

碳族元素在分布上差异很大，碳和硅在地壳有广泛的分布，锡、铅也较为常见，锗的含量则十分稀少，属于稀散型稀有金属。碳是碳循环的核心元素，以二氧化碳、碳酸盐和有机物的形式存在，硅以二氧化硅和硅酸盐为主，锗、锡以二氧化物存在，铅以硫化物居多。碳族元素表现出一定的周期性，从上到下，元素的金属性增强，非金属性减弱。

最奇妙的化学元素——碳

碳的命名原意取自拉丁语"木炭"之意。拉丁语中"煤"称为 Carbo（所有格为 Carbonis），英语中元素碳（Carbon）的名称就是由此得来的。在英语中煤叫 coal，它最初用于指任何燃烧着的余烬，如将木材加热但不使其产生火焰，留下一种黑色的残余物，继续加热它会缓慢燃烧，这就是木炭（Charcoal）。Char 的意思是炭化，Charcoal 的意思是经过炭化形成的煤。

在各种各样的化学元素当中，最奇妙的莫过于碳这个元素了。

你可能会问：碳又有什么奇妙？我们烧的煤炭、木柴，吃的碳水化合物，穿的棉纤维、合成材料，用的木制家具，甚至我们吐出来的碳酸气，哪一样和碳没有关系呢？碳元素不是十分普通而又唾手可得的化学物质吗？

但是，只要举几个简单的数字，你就会大吃一惊。

据美国《化学文摘》编辑部统计的数字，全世界已经发现的化合物种类突破 400 万大关，其中绝大多数是碳的化合物，不含碳的化合物不超过 10 万种。

煤 碳

这样，在现有 112 种化学元素中，碳以外的 111 种元素，它们之间所形成的化合物的数目，仅是碳这一种元素形成的化合物总数的大约 1/40。从这个角度讲，碳几乎是物质世界的主角了，尤其是有机世界。

在生命世界里，碳占有特殊重要的地位，是生命世界的栋梁之材，没有碳，就没有生命。

但是，碳在地球上只占地壳总重量的 0.4%，只有氧的 1/49，硅的 1/26。

正因为碳是那样与众不同，人们对碳也另眼相看。在化学上，把除了碳以外的那 111 种化学元素所形成的化合物叫"无机化合物"，研究无机化合物的化学叫做"无机化学"；而碳的化合物叫做"有机化合物"，专门研究碳的化合物的化学叫"有机化学"。

在大气里，二氧化碳气算是次要的成分，只占大气总重量的 0.03%。但其中碳的重量仍多达 2 万亿吨。这是一笔巨大的财富，它为生命提供了基本的材料。二氧化碳的温室效应还为生命提供了适宜的温度环境。

因为二氧化碳有个怪脾气：在太阳光通过大气层的时候，它偏爱吸收波长 13~17 微米的红外线。这如同给地球罩上一层硕大无比的塑料薄膜，留住温暖的红外线，不让它散失掉，使地球成为昼夜温度不太悬殊的温室。

二氧化碳还是绿色植物进行光合作用的原料。绿色植物每年通过光合作用，将大气里二氧化碳含的 1500 亿吨碳，变成纤维素、淀粉和蛋白质，供给动物和人类食用。

现在活着的动植物机体里，含有大约 7000 亿吨碳，组成植物的根、茎、叶和动物的骨肉、血液。

古代动植物的遗体在地壳里变成了煤炭、石油和天然气，为我们留下了亿万吨的燃料。

在地壳里，大约有将近 5000 万亿吨化合状态的碳。那漫山遍野的石灰石、大理石，它们的主要成分是碳酸钙。海洋里的珊瑚礁、贝壳岛也是碳的化合物碳酸钙沉积而成的。

水里溶解的二氧化碳，总量也不少。各地的奇峰异洞和瑰丽壮观的石林、石柱、石笋、石钟乳，这些千姿百态、气势磅礴的巨型雕塑，都是溶解了二氧化碳气体的雨水、地下水的杰作。

还有，那芬芳扑鼻的花朵里的香精油，五彩缤纷的色素，酸甜苦辣的有机酸、糖类、植物碱，治病健身的药物、维生素，哪一样不是碳的化合物呢？

在碳的世界里，纯净的、没有与其他元素结合的碳种类很少。碳原子以不同的晶体结构排列，竟可以使自己在材料世界中扮演迥然不同的角色。

金刚石晶莹美丽、光彩夺目，是自然界最硬的矿石；石墨乌黑柔软，是世界上最软的矿石，做铅笔芯的好原料。但是，这两种性质迥异的材料竟都是由碳原子构成的。

金刚石

金刚石和石墨是碳的同素异形体，无定形碳实质上是微小的石墨晶体。1772 年，拉瓦锡等法国化学家合伙买了一颗金刚石，用聚光镜使日光在金刚石上聚焦，金刚石燃烧起来化为青烟而消失。他们证明燃烧金刚石后产生的气体就是二氧化碳。1797 年，英国化学家坦南特严格证明了金刚石和石墨相同，都是纯粹的碳。1799 年，法国化学家摩尔沃将金刚石隔绝空气加热，使之转变成石墨。可是，石墨转变为

金刚石，却迟至 1955 年才由美国科学家们首次实现，这最终证明金刚石和石墨是可以互相转变的碳的同素异形体。

众所周知，生命的基本单元氨基酸、核苷酸是以碳元素做骨架变化而来的。首先，一节碳链一节碳链地接长，演变成为蛋白质和核酸，然后演化出原始的单细胞，又演化出虫、鱼、鸟、兽、猴子、猩猩，直至人类。

这三四十亿年的生命交响乐，它的主旋律就是碳的化学演变；这千姿百态、蔚为壮观的生命世界，它的栋梁材料就是碳元素！

碳元素这样巨大的作用取决于它的原子结构。碳在元素周期表上属第四主族头一名，恰好位于非金属性最强的卤族元素和金属性最强的碱金属之间。它的原子外层有 4 个电子。这 4 个电子难舍难分，与其他原子结合难以形成离子键，而形成特有的共价键，尤其是碳碳共价键。碳和碳之间的联接，不仅有单键，而且有双键、三键等多种键型。因此，碳原子之间既可以形成长长的直链，也可以构筑环形链、支链，纵横交错、变幻无穷。再配合上氢、氧、氮、硫、磷和金属原子……碳的化合物就不仅种类繁多，而且分子量很大，具有五花八门的物理、化学性质，以至在生物机体内，具有新陈代谢、能量输送等生命的功能，造就这五彩缤纷、龙腾虎跃的生命世界。其他元素的原子则没有碳的特种本领，最多只能形成五六个原子的链条。所以，它们的化合物的种类跟碳相比，自然就少得多了。

人们正是熟悉了碳的这种性质以及许多有机物的结构之后，巧夺天工，合成出众多的原先仰赖自然资源提供的碳的化合物，从最简单的甲醇、酒精、醋酸、福尔马林，到复杂些的维生素 C、葡萄糖、靛蓝染料、紫罗兰香酮，一直到合成生命的基石——各种氨基酸、核苷酸和显示生命活力的简单的蛋白质、核糖核酸。不仅如此，自然界里从未有过的各式各样的碳的化合物，人类也制造出来了。比如，最简单的有机溶剂、人造丝工厂不可缺少的原料二硫化碳；碰到水会放出可燃气的石头——"电石"碳化钙；最普通的磨蚀材料、硬度仅次于金刚石的碳化硅，它们都是地球上先前没有而后来被人类制造出来的物质。

再看看我们周围的物质，那琳琅满目的塑料、合成橡胶，医药箱里的红药水、阿司匹林，杀虫剂六六六、滴滴涕，家具表面漂亮闪光的油漆，厨房里的味精、合成食用色素，甚至那些炸药、化学毒气等，这数以万计的碳的化合物，都是人类创造出来的。

德国化学家维勒（1800—1882）

180多年前，德国青年化学家维勒用无机化合物氯化铵和氰酸银反应，竟出乎意料地得到只有在生命体内才存在的有机化合物——尿素。

这是人类第一次从简单的碳的无机化合物制造出有机物质，证明了无生命的矿物里的碳元素和生命有机体里的碳元素之间，不存在不可逾越的鸿沟，动摇了化学权威柏齐利马斯的错误的"生命力"学说。柏齐利马斯是维勒的老师。他主张生命物质只有生命力才能创造，人工全然制造不了。

从维勒合成尿素至今已经180多年了。专门研究碳的化合物化学——有机化学，已经成为化学里两大学科之一，蓬勃发展，一往无前。

当年维勒只是合成了一种哺乳动物的排泄物尿素。这尿素分子里只有一个碳原子。今天，比尿素复杂千百倍的碳的化合物都已经合成出来了。我国科学家花六年零九个月的时间，于1965年首次合成了由51个氨基酸、777个原子结合而成、分子量为5700的牛胰岛素。这是世界上第一个人工制造的蛋白质。1981年我国科学家又成功地人工合成酵母丙氨酸转移核糖核酸，它由76个核苷酸组成，分子量为26000。

这些事实雄辩地证明：生命的两大基本物质核酸和蛋白质都来自简单的无机物的逐渐演变，和碳这生命世界的栋梁材料有极为紧密的联系。

我们相信，当人类能够合成各种蛋白质和核酸的时候，在化学实验室里合成生命、指挥生命交响乐的日子也就不再是遥遥无期的了。

知识点

同素异形体

同素异形体是指相同元素组成、不同形态的单质。同素异形体由于结构不同，彼此间物理性质有差异，有时候这种差异很大。但又由于是同种元素形成的单质，所以化学性质相似。同素异形体之间可以转化，这种转化不一定属于化学变化。同素异形体的形成有不同的方式，如组成分子的原子数目不同，代表：氧气和臭氧；晶格中原子的排列方式不同，代表：金刚石和石墨；晶格中分子排列的方式不同，代表：正交硫和单斜硫。

"足迹"遍布世界的元素——硅

石英、水晶早为古代人认识，古埃及以石英砂为制造玻璃的原料。1807年瑞典化学家贝采里乌斯将硅土、铁和碳的混合物烧至高温获得硅化铁，加盐酸，硅化铁分解产生沉淀，此时产生的氢气较纯铁分出的多，于是他证明其中必含有别种元素。16年后即1823年，贝采里乌斯用金属还原分离法将四氟化硅与金属钾或氟硅酸钾与钾共热首次制得粉状单质硅。

"燧石"在英语中称为 flint（此词派生自盎格鲁—撒克逊语），在拉丁语中则为 Silex（所有格为 Silicis），因此，早期化学家把燧石及类似的岩石称为"Silica"（硅石）。贝采里乌斯在硅石中发现新元素时，简单地在该词后加上一个供非金属用的后缀 on，结果就是 Silicon，汉语早年曾音译为"矽"，现在则称为"硅"。

如果说碳是有机世界的主角，那么硅则是无机世界的中流砥柱。

我们脚下的泥土是硅酸铝的水化物，石头和砂子的主要成分是二氧化硅，砖、瓦、水泥、玻璃、陶瓷，都是硅的化合物。

贝采里乌斯（1779—1848）

在地壳中，硅的含量排在第二位，占地壳总重量的1/4还多。地壳中含量最多的元素氧和硅结合成的二氧化硅，占地壳总重量的87%。硅的足迹真的是遍布全世界，到处都有它的影子。

硅在常温下比较"文静"，但在熔融状态就变得特别活泼好动，能和许多物质发生化学反应，所以在自然界中人们从来没有发现过单独存在的硅。

对于大多数人来说，竹子并不是一种十分陌生的植物。一提起它，人们都会知道它的"身材"十分"苗条"，可是它又长得非常高，有些人也许很替它担心，要是一股大风刮过，会不会把它吹倒呢？

对这你们不用担心，无论多大的风也吹不倒竹子，至多也只能让它东摇西摆。

竹子为什么会不怕风呢？

原来，在竹子的茎干中含有丰富的硅的化合物，它们能帮助竹子增加自己的强度和韧性，所以竹子的茎干十分坚韧挺拔，风拿它一点办法也没有。这就使得竹子在禾本科植物中"鹤立鸡群"。

但是小麦和水稻，一遇风就会趴在地上，使得庄稼大量减产。怎么才能叫它们也变得不怕风呢？

现在，人们在田地里撒上一些可溶性的硅酸菌盐肥料或硅酸肥料，就能治愈它们怕风的病根。原来，在小麦和水稻中，硅的含量是很少的，所以它们的茎干十分柔软，很容易倒伏，而这两种肥料中都含有大量的硅，植物吸收之后，就会增强体质，再也不用怕风了。

人和硅的无机化合物打交道，已经有三四千年的历史了。黏土经过烧制成为原始的陶器，人类从此进入新石器时代。从黑陶、彩陶到唐三彩，制陶技术出现高峰，后来又制成了玻璃。

现在，硅的无机化合物又焕发了青春，正在为人类做出新贡献。

科技工作者将陶瓷和金属混合烧制，研制成功复合材料——金属陶瓷，它耐高温、富韧性，可以切割，是宇宙航行的重要材料。

人们用纯净的二氧化硅拉制出纤细的玻璃纤维，导致了光导纤维通信诞生。光纤通信容量高，还不受电、磁干扰，具有高度的保密性。科学家们预测，光纤通信将会使21世纪人类的生活发生革命性巨变。

硅和碱作用，能放出大量的氢气。制备1立方米的氢气只需0.63千克硅，如果改用金属的话，却需2.9千克的锌或2.7千克的铁。在工业上，用焦炭在电炉中还原二氧化硅（石英）来制取纯硅。

纯硅的用途并不太广，硅的化合物是二氧化硅，它是重要的工业原料。玻璃工业每年消耗几百万吨的砂子，因为玻璃是用砂子、苏打（碳酸钠）和石灰石做原料熔炼成的。用纯二氧化硅——石英制成的石英玻璃，能耐高温，即使剧烈灼烧后立即浸到水里也不会破裂。由于石英玻璃能很好地透过紫外线，所以常用来制造光学仪器。纯净的玻璃是无色的。加入不同的化学元素，可使玻璃产生不同的颜色：电焊工人所戴的蓝色护目镜片，是加了氧化钴。普通眼镜片常常带点浅红色或浅蓝色，那是由于加了氧化铈或氧化钕。加入三氧化二铁，玻璃呈黄色，若加入氧化亚铁，则变成绿色玻璃。如果加极细的金粉、铜粉或硒粉，玻璃呈红色。若加入极细的银粉，则呈黄色。

黏土的主要成分是水化硅酸铝。黏土大量被用来和石灰石一起煅烧，制成水泥。黏土也被用来烧制砖、瓦等建筑材料。纯净的黏土——高岭土，是制造瓷器、陶器最重要的原料。玻璃、水泥、陶瓷、建筑材料等工业，均以硅为"主角"，被合称为"硅酸盐工业"。

硅和碳的化合物——碳化硅，俗称金刚砂，是无色的晶体（含有杂质时为钢灰色），它非常坚硬，硬度和金刚石相近。在工业上，常用金刚砂制造砂轮和磨石。它还很耐高温，用来作耐火的炉壁。

硅和氯的化合物——四氯化硅，是无色的液体，很易挥发，在57℃就沸腾。在军事上用来作烟雾剂，因为它一遇水，便水解生成硅酸和氯化氢，产生极浓的白烟。特别是海战时，水蒸气多，烟雾更浓。四氯化硅的成本比白磷低廉得多。

在1948年人们发明了晶体管后的一段时间里，用来制作晶体管的主要材料是锗，因为锗比硅更容易提纯。

但是，硅的半导体性能比锗优越得多，比如说，硅能在200℃下工作，而锗只能在80℃以下工作，纯硅在室温下的本征电阻率为23万欧姆厘米，而锗的检征电阻率只有46欧姆厘米，随着制备高纯度单晶硅工艺的提高，硅的作用已远远地超过了锗，成为半导体材料的后起之秀。

半导体硅是实现工业生产自动化的重要材料，比如，工业自动化所用的硅可控整流器中就使用了很多晶体硅。20世纪以来，我国在工业上普遍采用了硅可控整流器，大大提高了生产效率。

举例来说，电镀、电解等工厂在生产中都需要把交流电变成直流电，过去是用水银整流器整流，不仅要浪费好多度电，可靠性差，而且容易使工人受水银毒害。现在，改用半导体硅整流器，工作稳定、可靠、无毒，又节约了很多电力。仅上海一地的电解、电镀工厂，在采用了硅整流器后，全年节约下来的电力就在 2000 万千瓦时以上。

很多人都看过反映间谍活动的故事片。这些故事中的主人公有着高超的本领，就是在敌人的严密监视下，他们也能把情报发出去。我们看到，他没有跟自己人接头，那么，情报又是怎么送出去的呢？

原来，奥秘就在他们胸前的纽扣上。那其实不是一个真正的纽扣，而是一只微型的发报机，他就是利用这只不引人注意的微型发报机把情报发出去。

这种发报机就是用晶体硅制成的。有句俗话说："麻雀虽小，五脏俱全"。别看这种发报机只有纽扣那么大，可是上面却有着大规模的集成电路，在它上面有上万个二极管、三极管和电阻等电子元件。

人们把单晶硅切成硅片，再涂上感光药膜，再把大规模的集成电路缩小印制在它上面，加上一些其他的元件，最后把它的外形加工得像一只纽扣，就制成了一个微型发报机。

硅这种奇特的性能在制造微型电子计算机时有很大作用。

当人们制造出第一台电子计算机时，由于用的是电子管，所有的设备大约要装满一幢大楼，后来人们改用锗制成的晶体管，计算机的体积大为缩小，可是也能装满一间大房子。而在 1978 年时，我国的科技人员把中小规模的集成电路缩小印制在硅片上，制成了一台只有半导体收音机大小的电子计算机。现在，人们又把大规模、超大规模的集成电路印制在硅片上，可以制造出像笔记本一样小的电脑。这样，只要你把它往兜里一揣，什么时候想用就可以拿出来用，即使出了门也不会误事。

作为一种性能优越的半导体材料，硅在其他方面也有重要的应用。

太阳能是一种取之不尽用之不竭的廉价的能源，人们虽然制造出了很多种利用太阳能的材料和装置，可是价格都比较昂贵，有的装置结构复杂，制造起来很不方便。

而用硅和铝做成的太阳能电池，就避免了这些缺点。只要把铝板作为衬底，在它上面覆盖 10 ~ 25 微米厚的多晶硅薄膜，就是一种便宜而轻巧的太阳能电池材料，不但地面上可以使用，放在太空中它照样能发出电来。

硅还是同位素电池中换能器的主要材料。换能器是将同位素热源发出的热能转变为电能的装置。用硅和锗的合金做的换能器，不怕高温，不但机械强度高，而且耐蚀本领也超出一般的换能器，无论在真空还是空气中都可以工作。

如果有人问你，汽车的轮胎是用什么制成的？很多人会一口答出：是橡胶。的确，几乎所有的汽车轮胎都是用天然橡胶和合成橡胶制成的。然而，它们的使用温度，一般都在150℃以下，否则就会变质老化，而现代汽车的速度很快，因此轮胎与地面的摩擦力增大，摩擦带来的热量会使轮胎的温度变得很高，这就大大缩短了轮胎的寿命。

那怎么才能既不降低汽车的速度又能延长轮胎的使用寿命呢？

人们发现，在橡胶中加入一些硅进去，就能延长轮胎的使用时间。硅橡胶"一身兼二任"，既有无机材料耐磨、耐高温的本领，又有有机材料的弹性。特别是一些有机硅橡胶，在冰天雪地（甚至低到 -90℃）或烈日酷晒下（甚至高达350℃），都不龟裂、不老化、保持弹性，用它来制造汽车轮胎是再合适不过的了。

玻璃是大家常见的物质，它一般是透明的固体，如果加进一些稀土元素进去，它就会带上各种各样的颜色。

可是水玻璃又是一种什么样的物质呢？

原来，它是硅酸钠的水溶液。从远处来看，硅酸钠的水溶液真是跟玻璃一般无二，简直像极了，所以人们常把它叫做"水玻璃"。水玻璃不但外表很奇特，它的作用也很特别。

大家知道，很多家具都是用木材做成的，但木材是一种容易着火的材料，这样就很不安全。

怎么才能让木制家具不易着火呢？

玻璃可以帮助人们解决这个难题。只要把木材在水玻璃中浸泡一段时间，用它制成的家具就不易着火，而且还可以防止木材受到空气的腐蚀。

现在，人们把一些有特别要求的纺织产品也浸泡在水玻璃中，这样，加工出来的产品就可以防火。

硅虽然是无机世界的"主角"，但是近年来，它在有机世界中也成为引人注目的角色——人们制成了一系列有机硅化合物。有机硅有个特性——憎水。一些药品瓶的内壁，如青霉素瓶，便常涂着一层有机硅。这样，在使用后瓶壁上就不会留有药液。巍立在首都天安门广场上的人民英雄纪念碑，表面也涂着一层有机硅，这样可以防尘防潮，保护那精美的浮雕。有机硅塑料具有很好的绝缘性能，如果用它作为电动机的绝缘材料，可以使电动机的体积和重量都减少一半，而使用寿命却可以延长八倍多，并且在高温、潮湿的情况下都能使用。

硅，这个无机世界的骨干元素，在有机世界里还是一个年轻有为、崭露头角的角色呢！难怪许多科学家预测，如果地球之外有高级生物存在的话，它们的机体不见得非跟人类一样要由碳的高分子化合物充当骨干；硅，作为地球外生命的骨干材料，完全是可能的。

电 镀

电镀就是利用电解原理在某些金属表面上镀上一薄层其他金属或合金的过程，从而起到防止腐蚀，提高耐磨性、导电性、润滑性、耐热性、反光性及增进美观等作用。电镀时，镀层金属或其他不溶性材料做阳极，待镀的金属制品做阴极，镀层金属的阳离子在金属表面被还原形成镀层。为排除其他阳离子的干扰，且使镀层均匀、牢固，需用含镀层金属阳离子的溶液做电镀液，以保持镀层金属阳离子的浓度不变。被电镀物件的美观性和电镀时电流大小有关系，电流越小，被电镀的物件便会越美观；反之则会出现一些不平整的形状。

▊▊ 重要的半导体材料——锗

1871 年俄国化学家门捷列夫曾预言"类硅"的元素存在。

1885 年德国矿物学家威斯巴克在一矿山发现了一种以硫化银为主的新矿石——弗赖堡矿石即硫化银锗矿（$4Ag_2S \cdot GeS_2$）。

1886 年，德国化学家温克勒分析了这一新矿物，他断定矿石中一定含有一种未知的新元素。他认为这新元素必定同砷、锑、锡三者同属于一分析组，他将矿物与碳酸钠和硫共熔，然后溶于水中，过滤，溶液中加入大量盐酸即得到大量片状的白色沉淀，把这沉淀烘干后于氢气流中加热还原，就分离出一种新元素。

温克勒为了纪念他的祖国德意志，把新元素命名为 Germanium，即

"锗"，源自德国的拉丁名称"Germania"。

大家也许知道，许多金属、盐和酸的水溶液以及大地、人体等，都能导电，叫做导体；玻璃、木材、橡胶、陶瓷这一类东西，不能导电，叫做绝缘体；半导体的导电能力位于导体和绝缘体之间。这次我们要结识的锗就是一种重要的半导体材料。

大家都知道，在日常生活中最常见的温度计就是水银温度计了，用它可以来测气温。可以测人的体温，对我们帮助可真不少。可是，水银温度计的"感觉"太"迟钝"了，它只能测量一些特别大的东西和离它挨得很近的东西的温度，比如说吧，如果你不把它放在口中，它就测不出你的体温，这真是有些美中不足啊。

现在，人们已做成了一种"感觉"十分灵敏的温度计。它的灵敏度有多高呢？举个例子你就知道了，有一天你出去到一千米以外的公园里去玩，虽然把它这个"机灵鬼"放在家里，可它照样知道你的体温。

有的读者可能会问，这么灵敏的温度计是用什么做成的呀？

它是人们用锗做成的。在通常情况下，锗的电阻是很高的。我们可以拿水银来跟它作比较。假定水银的导电率是1，那么锗的导电率只有0.001，也就是说，锗的导电能力只有水银的1/1000。因此，我们可以用锗作成薄片电阻，涂到玻璃、石英或者陶瓷上，在雷达等设备里应用。

更重要的是，作为半导体材料，在不同的外因条件和杂质等因素的影响下，锗的导电能力会发生很大的变化。利用它的这个脾气，人们可以做成许多重要而有用的半导体元件。

锗的导电能力会随着温度的变化而灵敏地改变：温度变化几百度，导电能力改变了几百万倍。导电能力的改变是可以通过仪器很准确地测量出来的，所以人们利用锗的这个特性，做成了对温度变化感觉十分灵敏的半导体温度计——热敏电阻。

它的本领实在太高了，不但可以察觉到一千米以外人体的温度，还能测出0.005℃的温度变化。人们用它可以做成温度自动控制器、定时继电器等，广泛地应用到生产实践中。

半导体温度计——热敏电阻图

用锗不但可以做成灵敏的半导体温度计，而且可以来发电。原来，温度对锗的另一个影响是产生"温差电效应"。半导体经过适当的组合，在它的一头加热，两头就有了温度差，这时就会产生电流。可是，这有什么用处呢？用处可大了。利用"温差电效应"，我们就能用锗做成温差电池，直接把热能变成电能，而不需要许多笨重、复杂、经常受到磨损和需要维护修理的锅炉、汽轮机、发电机等设备。比如，把具有良好的温差电效应的锗硅合金用于温差发电机，结构简单，不用维修，使用寿命长达5～10年，而且还能成倍地提高发电效率。你看，这多么经济省事啊！

锗还可以用来制造光电池。太阳发出的光线照射到经过特殊加工的锗半导体上，就会不断地放出电来。光照越强，发出的电力越大。这样，我们就可以从太阳光那里取得无穷无尽的廉价电力。

也许你就有一台半导体收音机，没事时一按开关，就可以听到美妙的歌曲，激动人心的体育节目，关心国家大事的同学还可以从中听到最新的时事报导。

但你们知道收音机是由什么做成的吗？

原来，收音机的主要元件是晶体管——二极管和三极管，它们多数是用锗做成的。据统计，目前全世界每年生产的锗晶体管超过5亿只。

锗晶体管

与电子管相比，晶体管既不需要真空抽气，又不需要灼热灯丝，它体积小，重量轻，寿命长，用电省，而且非常结实，在碰撞和震动的情况下也能长期使用。

当收音机刚出现时，由于它能使人们收听到远在千里之外的播音员的声音，因此人们曾亲切地称呼它叫"千里耳"。用锗制成的晶体管还可用来制造"电脑"。一台每秒能运算1000万次的巨型电子计算机，它比人们的计算速度要快千万倍。如果使用电子管作元件，得装满一幢大楼，而如果用晶体管代替电子管，体积就可以大

大缩小，几个不大的房间就可装得了，而且节省电力。现在，人们改用超大规模集成电路来制造"电脑"，它的体积越发小了。

传说以前有个身患肺痨的人，经过长期治疗毫不见效，病情反而愈加重了。在生命所剩不多的时间里，他毅然离家，搬进了深山老林，终日与山鸟为伴。这样过了几年后，他又完全健康地回到了家里，当人们见到他时，都十分惊讶，纷纷问他吃了什么"仙丹灵药"。他回答说，吃的食物跟以前一样，只是一日三餐坚持吃一些大蒜……虽然人们都弄不清楚大蒜为何能治疗痨病，但却都在每顿饭时食用一些蒜泥。从此往后，这儿的人很少再得痨病。

大蒜为什么会有这样的奇效呢？

原来，大蒜中含有许多天然抗癌元素硒和锗。微量元素硒，能够清除人体内极为有害的自由基，保护细胞的结构和功能，它还能刺激免疫球蛋白产生抗体，增强人体对疾病的抵抗力。

浙江有个盛产茶叶的村庄，那里的人都酷爱饮茶，长寿的人很多，几乎没有癌症，被誉为"无癌村"、"长寿庄"。经过种学家们的分析，茶叶中含有大量的硒，是那里无癌长寿的主要原因。

至于微量元素锗，作用就更大了，它能促进人体血液循环，增强人体的抵抗力，还能使衰老或丧失功能的细胞恢复功能。更重要的是，锗可以通过生物电位，抑制癌细胞的繁殖，它还能诱发人体内的干扰素，将巨噬细胞诱变为抗癌性巨噬细胞，所以有防癌抗癌作用。

锗的基本性质

锗的基本性质：粉末状，呈暗蓝色；结晶状，为银白色脆金属；密度5.35 克/厘米³，熔点 937.4℃，沸点 2830℃。化合价 +2 和 +4，重要的半导体材料。化学性质稳定，常温下不与空气或水蒸气作用。不溶于盐酸、稀硝酸。溶于王水、浓硝酸或硫酸、熔融的碱、过氧化碱、硝酸盐或碳酸盐。在空气中不被氧化，不与碳反应。其细粉可在氯或溴中燃烧。

既怕冷又怕热的锡元素

人类最早发现和使用锡的历史，可以追溯到 4000 年以前。古代人不仅使用锡制作一些锡器，而且发现锡有许多独特的性质，例如铜和锡形成合金青铜。

锡的元素符号"Sn"源于拉丁文 Stannum "坚硬"的意思。

锡是大名鼎鼎的"五金"——金、银、铜、铁、锡之一。早在远古时代，人们便发现并使用锡了。在我国的一些古墓中，便常发掘到一些锡壶、锡烛台之类的锡器。据考证，我国商代已能冶炼锡，并能将锡和铅分辨开。我国周朝时，锡器的使用已十分普遍了。在埃及的古墓中，也发现有锡制的日常用品。

在自然界中，锡很少成游离状态存在，因此就很少有纯净的金属锡。最重要的锡矿是锡石，化学成分为二氧化锡。炼锡比炼铜、炼铁、炼铝都容易，只要把锡石与木炭放在一起烧，木炭便会把锡从锡石中还原出来。很显然，古代的人们在有锡矿的地方烧篝火烤野物时，地上的锡石便会被木炭还原，银光闪闪的、熔化了的锡液便流了出来。正因为这样，锡很早就被人们发现了。

我国有丰富的锡矿，特别是云南个旧，是世界闻名的"锡都"。此外，广西、广东、江西等省也产锡。

锡是银白色的软金属，比重为 7.3，熔点低，只有 232℃，你把它放进煤球炉中，它便会熔成水银般的液体。锡很柔软，用小刀能切开它。锡的化学性质很稳定，在常温下不易被氧气氧化，所以它经常保持银闪闪的光泽。锡无毒，人们常把它镀在铜锅内壁，以防铜遇水生成有毒的铜绿。焊锡也含有锡，一般含锡 61%，有的是铅锡各半。

锡在常温下富有展性，特别是在 100℃时，它的展性非常好，可以展成极薄的锡箔。平常，人们便用锡箔包装香烟、糖果，以防其受潮（近年来，我国已逐渐用铝箔代替锡箔。铝箔与锡箔很易分辨——锡箔比铝箔光亮得多）。不过，锡的延性却很差，一拉就断，不能拉成细丝。

100 多年以前，俄国彼得堡的军装仓库，发生了一件奇怪的案件：军服上的锡纽扣，几天间忽然像得了什么传染病似的，全部都布满了黑斑。这墨斑不断扩大，没多久，一个个纽扣全变成灰色的粉末。"这是谁在捣蛋?"沙皇知道了这件事大发雷霆，勒令一定要把"罪魁"找出来。不久，"罪魁"被化学家们找到了，原来这是寒冷的天气搞的鬼。

锡非常怕冷。在通常温度下，白锡的晶体是稳定的，白锡是由一些四方晶系的锡晶体组成的。如果温度降得很低，锡晶体中的原子就会重新排列，从四方晶系向立方晶系转化，这时它的体积变大，整块的白锡就变成了粉末状的灰锡。人们常称锡的这种变化为"锡疫"。"锡疫"的速度与温度关系很大，即使在0℃以下的冬天，你家的锡壶照样可以使用，这是因为从白锡到灰锡的转化很慢，以至于我

锡制茶叶罐图

们观察不到；但当温度降到 −40℃ 以下时，白锡到灰锡的转化很快，一块白锡一会就变成一堆灰粉。另外这种"锡疫"是会"传染"的，如果你把患有"锡疫"的锡器与"健康"的锡器相接触，"健康"的锡器也会很快染上"锡疫"。因为少量灰锡的存在，可以大大加快白锡到灰锡的转变过程。

锡也非常怕热。当温度升高到160℃以上时，白锡又会转变为斜方晶系的菱形锡，菱形锡很脆，所以又称脆锡。

尽管锡这种金属有许多怪特性，但它在日常生活和工、农业生产中很有用，例如锡被人们称为"制造罐头"的金属。现在世界上每年生产的锡，将近一半用来制造马口铁片，而马口铁片最大的用途是制造罐头。罐头的出现，有200多年的历史。在18世纪末和19世纪初，法国的拿破仑，经常调兵遣将，侵略其他国家，他的军队到处遭到别国人民的反抗，使军队的食物供应大成问题。于是，拿破仑悬赏征求一种能够保藏鱼、肉和蔬菜的方法，以便

军队远征携带方便。法国的一个名叫尼古拉·阿柏脱的青年想出一种方法：把食物加热后封存在密闭的玻璃瓶中，可以久存不坏，这就是罐头的发明。由于玻璃易碎，不便于携带，不久就出现了用铁皮做的罐头。铁皮又容易生锈，最后出现了用马口铁做的罐头。

锡的化学性质稳定，不易被锈蚀。人们常把锡镀在铁皮外边，用来防止铁皮的锈蚀。这种穿了锡"衣服"的铁皮，就是大家熟知的"马口铁"。1吨锡可以覆盖7000多平方米的铁皮，因此，马口铁很普遍，也很便宜。马口铁最大的"主顾"是罐头工业。如果注意保护，马口铁可使用十多年而保持不锈。但是，一旦不小心碰破了锡"衣服"，铁皮便很快被锈蚀，没多久，整张马口铁便布满红棕色的铁锈斑。所以，在使用马口铁制品时，应注意千万不要使锡层破损，也不要使它受潮、受热。

锡也被大量用来制造锡铜合金——青铜。

锡与硫的化合物——硫化锡，它的颜色与金子相似，常用作金色颜料。

锡与氧的化合物——二氧化锡。锡于常温下，在空气中不受氧化，强热之，则变为二氧化锡。二氧化锡是不溶于水的白色粉末，可用于制造搪瓷、白釉与乳白玻璃。1970年以来，人们把它用于防止空气污染——汽车废气中常含有有毒的一氧化碳气体，但在二氧化锡的催化下，在300℃时，可大部转化为二氧化碳。

锡和氯可形成两种化合物：

二氯化锡（又称氯化亚锡），具有很强的还原能力，工业上常利用氯化亚锡使别种金属还原，是化学上常用的还原剂之一；在染料工业上，也可用作媒染剂。

四氯化锡：在二氯化锡溶液里通入足量的氯气，便可得到四氯化锡，四氯化锡是沸点114℃的无色液体。一遇水蒸气就水解，冒出强烈的白烟，形成白色的浓雾，军事上用它装在炮弹里，制成烟雾弹。四氯化锡能与氯化铵化合，生成一种复盐（$SnCl_4 \cdot 2NH_4Cl$），是重要的媒染剂。

近年来，锡化合应用又开辟了新的领域。世界上每年有几万吨的有机锡化合物用来制造杀虫剂、除草剂和防污涂料。

催 化

催化即通过催化剂改变参加反应的物质的化学反应速率，反应前后催化剂的量和质均不发生改变的反应。在催化剂参与下进行的化学反应称催化反应。催化本质上是一种化学作用，同时也是自然界中普遍存在的重要现象，催化作用几乎遍及化学反应的整个领域。催化有多种形式分类，有均相催化、多相催化、生物催化、金属催化、金属氧化物催化、酸碱催化、配位催化等。各类催化有各自不同的应用领域。

古老的地壳"稀有元素"——铅

大家熟悉的青灰色的铅，是一种古老的金属。它是人类最早认识的几种金属元素之一。无论是古巴比伦人、古犹太人、古罗马人，还是在中国古代，都有使用铅的悠久历史。在中国最早的炼丹著作《周易参同契》以及古犹太人的《圣经》《旧约》里，都记载着铅的冶炼和使用方法。炼丹家们在热衷于"长生不老"丹、"点金术"的时候，就把这表面青灰而切开之后闪烁银灰色光泽的铅，作为重点研究对象之一。他们除了用铅制造铅汞之外，还制备"仙丹"之一的黄丹，也就是四氧化三铅。炼丹家对于铅可以氧化为黄丹，而黄丹又能还原为铅的现象感到很奇妙，就认为铅和汞一样是"仙品"，因此铅就成了炼丹家炼丹炉里必备之物了。至于化妆用的胡粉，也就是碱性碳酸铅，早在我国秦汉时期之前就使用了。古代罗马人还喜欢用铅作水管，而古代的荷兰人则爱用它作屋顶。

铅在地壳中的含量不高，只有0.0016%，排在元素含量的第35位，比某些"稀有元素"还要少。人们熟悉铅，是因为铅容易富集形成硫化铅等矿物，而且容易冶炼，使用广泛。许多天然放射性元素如铀、镁、钍、镭、锕、钫、砹、钋等最终都要蜕变为稳定的铅，所以铅在地壳中的含量不断地略有增加。

铅是在工业中应用广泛、价格便宜的金属，强度低而塑性高，展性相当好，可以轧成极薄的铅箔。但是，铅的延性并不好，用拉伸法制铅丝，只能拉伸到直径大于1.6毫米，再细的铅丝就只能用压挤法来生产了。铅还有一个独特的长处，就是具有极高的锻接性能，新切开的铅表面在室温下用不太高的压力，就能迅速地锻接在一起。所以，用它来做绝缘电缆的包皮，操作起来既简单又方便，效果还好。

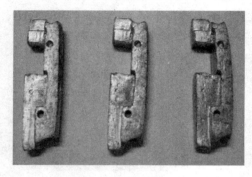

铅块制品图

铅的另一个宝贵的性质是在许多介质中都具有相当高的化学稳定性。在干燥空气中，经过90年才在铅的新鲜表面形成勉强能察觉的氧化膜。铅的抗硫酸的能力出类拔萃，这是由于硫酸和铅作用后，生成一层致密而牢固的保护膜——硫酸铅，保护了里面的铅不再被腐蚀。所以铅被广泛地作为抗腐蚀材料，如用来制造酸洗槽、硫酸室、酸泵、输酸管、蓄电池等，尤其是蓄电池。

铅的熔点比较低，熔化后流动性好。用铅和锡组成的焊料，在电子、电器等行业大显身手。铅具有良好的导电性，被制成粗大的电缆，输送强大的电流。

说到铅的应用，人们会自然想到铅字。其实铅字用的是铅锑合金。这是因为铅比较软，加入少量的金属锑，就能大幅度地提高铅的硬度，而锑具有热缩冷胀的特点，所以铅锑合金铸出的铅字特别清晰。另外，铅和锡、锑、铜制成的巴氏合金，是优秀的耐磨材料，用来制造高级轴承、轴瓦，加铅是为了增加材料的韧性和塑性。

铅还是一种放射线的防护材料，X射线、γ射线等都不能穿透它。在医院里，大夫做X射线透视诊断时，胸前常用一块铅板保护着；在原子能反应堆工作的人员，也常穿含有铅的大围裙。所以在使用X射线、γ射线时以及原子能工业都离不开铅。

铅的化合物应用也很广泛，如生产颜料和塑料助剂等都要用到它。像大家很熟悉的聚氯乙烯塑料，它有一个突出的毛病就是热稳定性不好，受热之后很容易分解。但是一旦加入少量的硬脂酸铅作为稳定剂，聚氯乙烯的热稳定性就大大地改善了。

铅在为人类服务的同时，也给人类带来了许多麻烦。很久以来，它污染着人类的生活环境，危害人们的健康。

古罗马人喜欢用铅做的输水管引水，用铅制的器皿贮存糖浆和果酒、烹调食物，用铅制造货币等，贵族妇女更喜欢用含铅的化妆品来打扮。可是，他们不知道铅有毒，致使很多人铅中毒。一些学者把古罗马帝国的衰落也归罪于铅。他们认为，当时古罗马能够使用铅质奢侈品的人，大多是罗马贵族。在贵族之中铅中毒的现象非常广泛。铅中毒会引起死胎、自然流产和不孕症，生下的婴儿大都在一年内死亡。于是古罗马帝国的上层阶级由于出生率低而人口大减。

铅是一种累积性毒物，它很容易被胃肠道吸收，其中一部分破坏血液使红血球分解，一部分通过血液扩散到全身器官和组织，并进入骨骼。而沉积在内脏器官及骨髓中的铅化合物由体内排出的速度极慢，逐渐形成慢性中毒。慢性铅中毒患者最初只感到疲倦、食欲不振、体重减轻。由于往往被患者忽视而拖延医治，当慢性中毒再发展时，会引起铅疝痛及便秘、呕吐、腹泻等症状，并且出现末梢神经障碍，造成桡骨神经麻痹及手指震颤症。再严重时会导致铅毒性脑病，而呈现头痛、耳鸣、视力障碍、精神不安、无意识状态和贫血等。有机铅急性中毒的表现为不安、不眠、精神错乱，还有的患急性脑病而死亡。正因为这样，用铅做茶壶、酒壶是不科学的。

自从 1922 年美国发明了四乙基铅，作为汽车用汽油的防震剂以来，在汽油里添加四乙基铅的方法在全世界获普遍推广。从此，铅便以有机铅的形式广泛污染环境，其危害的广泛程度比任何其他有毒金属元素都大。在美国，由于汽车很多，汽车排出废气也多，相当于每人每年把二磅多的铅以四乙基铅的形式排入空气，使铅成为大气污染的罪魁祸首。因此，空气、水源、食物都有铅的污染。在城市中，污染空气的铅与汽油的消耗量成正比。人每时每刻都要进行呼吸，吸入的空气中所含的铅会有一半残留在人体之内。所以，目前铅造成的污染，对人体健康是一个潜在的巨大威胁。因此，控制和消除铅污染是摆在我们面前的一个严峻课题。

现在，科技工作者正着手减少以至消除铅对环境的污染。我们相信，人类一定能消除铅的种种危害，使它成为我们的忠实朋友。

富　集

　　富集是指某些物质通过水、大气和生物作用而在土壤或生物体内显著积累的作用。

　　人为富集有几种方法：（1）共沉淀富集法：加沉淀剂于试液中，有沉淀生成，痕量元素随之共沉淀析出，滤出沉淀，并用小体积溶剂溶解，使痕量物质富集。（2）泡沫浮选法，有两种：①离子浮选法。让表面活性剂离子和试液中待富集的痕量离子能生成离子缔合物，这类缔合物有富集在气液界面的倾向。在试液中通入氮气使生成泡沫，痕量离子就能被泡沫浮选。②胶体吸附浮选法。用胶体搜集剂吸附被富集的元素，再加入与胶体带相反电荷的表面活性剂，然后通气浮选。其他富集方法还有离子交换、升华、挥发、蒸馏等方式。

氮族元素

DANZU YUANSU

氮族元素是元素周期表ⅤA族的所有元素，包括氮、磷、砷、锑、铋和Uup共计六种，这一族元素在化合物中可以呈现 -3、$+1$、$+2$、$+3$、$+4$、$+5$ 等多种化合价，他们的原子最外层都有5个电子，最高正价都是 $+5$ 价。氮族元素在地壳中均有分布。

氮族元素随着原子序数的增加，由于它们电子层数逐渐增加，原子半径逐渐增大，最终导致原子核对最外层电子的作用力逐渐减弱，原子获得电子的趋势逐渐减弱，因而元素的非金属性也逐渐减弱，相应地，元素的金属性逐渐增强，比如，砷虽是非金属，却已表现出某些金属性，而锑、铋却明显表现出金属性。

组成生命物质的氮元素

1772年，英国化学家布拉克的学生卢瑟福把老鼠放进密封的器皿里，及至老鼠闷死后，发现器皿内空气的体积较前减少了十分之一，若器内剩余气体再用碱液吸收，则又继续失去十分之一的体积。用此法除去空气中的氧气（O_2）、二氧化碳（CO_2），并研究所余气体的性质，他发现它有不能维持动物生命和灭火的性质，且不溶于苛性钾溶液中，因此命名该气体为"蚀气"或

"恶气"（Mephitic air），它源自拉丁词"mephitic"，意为"有毒的气体"，但卢瑟福并不认为这种"蚀气"是空气的一种成分。英国牧师兼化学家普里斯特利也进行了实验，他和卢瑟福都称这种剩下来的气体叫"被燃素饱和了的空气"，意为它已"吸足了燃素"，因此失去了助燃能力。

卢瑟福（1871—1937）

1772 年，瑞典化学家舍勒也从事这一研究，他用硫酐吸收大气中的氧气，取得氮气。他把空气中能维持生命的那部分气体称为"火气"（fire air），剩下的部分则称为"秽气"（foul air）。法国化学家拉瓦锡则把它称作"azote"（非生命气体）。它源自希腊语中的前缀 a－（意为"没有"）和 zoe（意为"生命"）。因此"azote"是没有生命的气体。德国人按照同样的原则将它称为 Sticksttoff，在德语中的意思就是"窒息物质"。

1790 年，法国化学家查普塔把它称作"nitrogen"。意指它是某种可以构成硝石的东西，因这种气体构成了常见的化学物质"硝石"分子的一部分，法语中的"硝石"叫 nitre。当时给新气体命名时都加上词尾"－gen"，来自希腊语中的后缀"－genes"，意为"出生"或"被产生出来"。因此，nitrogen 一词的原意就是"从硝石中产生出来的东西"。

现在，汉语中将 nitrogen 和 azote 都译作"氮"。中文名曾为"淡气"。

我们的生活离不开空气中的氧。占空气 4/5 的氮气在呼吸中出出进进，似乎毫无用处。其实不然，空气里缺少氧，人固然会感到不适甚至窒息而死，但是吸入纯氧，人会兴奋激动、手舞足蹈，仿佛喝醉酒一般。

当然，氮对生命必需的氧不仅仅是稀释作用，氮是构成生命的两种基本物质——蛋白质和核酸的重要元素。可以说，没有氮就没有生命。

但是，生命细胞不能直接利用空气中的氮气来构造自身，因为氮气不像

氧气那么活泼，它性情孤僻，一般很难和其他物质化合。

那么，氮又是怎样变成化合物，组成生命物质的呢？

在自然界里，雷电把空气里一部分氮和氧结合在一起，生成氮的氧化物随雨水降落，再和沙石土壤化合成硝酸盐或其他含氮化合物，经植物吸收而变成有机氮化合物——蛋白质等。自然界里，另一种可以把空气中的氮固定为氮化合物的途径是根瘤菌的作用。比如，与豆科植物共生的根瘤菌，以及棕色固氮菌、巴氏梭菌等。这些大自然赋予的养料是植物生长所需养料的一部分。另一部分则来源于动物的粪便、尸体，以及腐败的植物。这些物质都含有丰富的氮。植物吸收氮的化合物，组成蛋白质；动物则从植物获得蛋白质的营养，经过改造变为蛋白质和核酸。

随着农业的发展，农作物从土壤中提取的氮日益增多，造成土壤中氮化合物入不敷出。这就促使科学家们从事人工固氮，即人工制造氮化合物的研究。

经分析得知，植物生长所摄取的基本氮化物是氨。氨分子由一个氮原子和三个氢原子组成。科学家们设想把氮和氢直接合成氨。但是氮的性格极不活泼，如何能激发它的活性而和氢结合呢？经过长时间的探索，在对化学平衡及催化剂的基础理论进行了较深入的研究后，才使合成氨得以问世，并于1913年建立了第一个合成氨工厂。

合成氨的原料氮取自于空气。这是个取之不尽、用之不竭的原料，只要设法与氧气和其他极少量惰性气体分离开就行了。而氢起初来源于水的电解，随后又由煤或焦炭分解水所产生的含有大量氢气的水煤气或半水煤气等，经过一系列复杂的转化、净制过程而获得。第二次世界大战后，随着石油工业的迅速发展，以气体、液体燃料为原料生产合成氨，不论从工程投资、能量消耗来看，还是从生产成本来看，都有着明显的优越性，于是开始由固体燃料（煤、焦炭）造气转移到以气体燃料（天然气、炼厂气等）和液体燃料（石脑油、重油等）为主，形成合成氨厂大型化的飞跃。

氮是性情极不活泼的气体，但一旦化合成为氨，就变得非常活泼。在铂催化剂存在下，它在空气中燃烧，生成一氧化氮，随后继续氧化成二氧化氮，经水吸收生成工业上的重要原料——硝酸。氨与硝酸、硫酸、二氧化碳化合生成多种多样的化肥——硝酸铵、硫酸铵、碳酸氢铵和尿素，供应农业生产。所以说，氨本身及氨水就是化肥。

　　氨不仅对发展农业有着重要的意义，也是重要的工业原料。氨与由它制出的硝酸广泛地应用于制药、炼油、合成纤维、合成树脂、合成橡胶等工业部门。

　　氨、丙烯（石油化工产品）、空气和水蒸气按一定比例配合，在一定温度下通过催化剂可获得丙烯腈，聚合得"人造羊毛"腈纶。此外，丙烯腈还是生产塑料（ABS树脂）、黏合剂、涂料、药物、抗氧剂、表面活性剂的中间体。丙烯腈经水解、加氢可得己二胺，后者可和己二酸在适当反应条件下缩聚生产锦纶。氨是生产三大合成纤维（涤纶、锦纶、腈纶）其中两纶的重要原料。

　　在合成树脂及合成橡胶方面也常常以氨或硝酸为原料。如以耐油著称的丁腈橡胶等。

　　许多炸药，如硝化纤维、三硝基甲苯（TNT）、苦味酸等也都以硝酸为原料制成。常见的磺胺类药物，以及心脏病患者的急救药硝酸甘油，也都是含氮的化合物。含氮的偶氮染料占染料产品一半以上，颜色齐全，使用方便，广泛用于棉、毛、化纤织物的染色。

　　氮的惰性同样可以利用。检修可燃气体的设备及管道时，必须先用氮气冲洗置换以防爆炸。电灯泡里充满氮气和少量氩气，可阻止钨丝受热挥发，而延长使用寿命。粮食里充氮，可使粮食不霉烂、不发芽，能长期贮存。

充满了氮气的灯泡

　　氮也广泛应用于钢铁热处理中，如氮化处理（渗氮）、氰化处理（碳氮共渗）及光亮退火等。钢在氮化后，表面形成一层坚硬的合金氮化物，硬度高、耐磨性和抗疲劳性好，还有一定的抗腐蚀能力及热硬性（加热至600℃仍保持较高的硬度）等。因此它广泛地用于各种高速传动齿轮、高精度机床主轴、柴油机曲轴，以及在高温、腐蚀工作条件下工作

的零件（如阀门等）的热处理。

氮的沸点是 $-195.8℃$。空气经深度冷冻液化及精馏、压缩等操作可获得液态氮。医生们利用液态氮蒸发时得到低温的特点，治疗肝癌，使形成癌的甲肝细胞在低温下坏死，将患者治愈。

氨在日常生活中，可用来治疗中暑；蝎子、蜜蜂蜇了，擦一点氨水，可以止痛消肿；衣服上有的污迹，可用氨水除去。

氮和它的化合物在工业、农业、医药等领域中起着巨大的作用，随着科技的不断发展，它将更为广泛地发挥才干，造福人类。

催化剂

简单地说，催化剂就是能提高化学反应速率，而本身结构不发生永久性改变的物质。这里所说的提高化学反应速率有三层含义，一是使化学反应速度变快，二是使化学反应速度变慢，三是使可以使反应在较低的温度环境下进行。催化剂在工业上也称为触媒。有两点需要明确：一点是一种催化剂并非对所有的化学反应都有催化作用。二是某些化学反应并非只有惟一的催化剂，可以同时有几种催化剂。

■■■ 从尿里制得的元素——磷

17 世纪，德国有位汉堡商人布兰德，是个炼金术士，他曾听传说从尿里可以制得黄金，于是抱着图谋发财的目的，使用尿做了大量实验。大约在 1669 年一次实验中，他将砂、木炭、石灰等和尿混合，加热蒸馏，虽然没有得到黄金，却意外地分离出像蜡那样的色白质软的物质，它在黑暗中能放出闪烁的亮光，于是布兰德给它取了个名字叫"冷光"（即白磷），他称它为 Phosphorus。

磷的命名在希腊语中就是"晨星"，这个词来自 phos（意为"光"）和 phorus（意为"生产"、"诞生"）。晨星是光的"产婆"，因为在它出现之后不久，太阳就要升起了。在早晨，金星比太阳早到达东方地平线，因而在太阳升起之前，它已闪烁在东方的天空，它就是"晨星"。在汉语中称它为"磷"，曾用"燐"。

磷，按照希腊文的原意，是"鬼火"的意思。

游离态的纯磷有两种——白磷（又叫黄磷）和红磷（又叫赤磷）。虽然它们都是磷，可是，脾气却相差很远：白磷软绵绵的，用小刀都能切开。它的化学性质非常活泼，放在空气中，即使没点火，也会自燃起来，冒出一股浓烟——和氧气化合变成白色的五氧化二磷。这样，平常人们总是把白磷浸在煤油或者水里，让它跟氧气隔绝。红磷比白磷要老实得多，它不会自燃，要想点燃它，也得加热到100℃以上。白磷剧毒，红磷对人却并无毒性。

白磷和红磷，可以变来变去：如果隔绝空气，把白磷加热到250℃，就会全部变成红磷；相反的，如果把红磷加热到很高的温度，它就会变成蒸气，遇冷凝为白磷。白磷和红磷也是同素异形体。此外，磷的同素异形体还有紫磷和黑磷。黑磷是把白磷蒸气在高压下冷凝得到的。它的样子很像石墨，能导电。把黑磷加热到125℃则变成钢蓝色的紫磷。紫磷具有层状的结构。

人体里有很多磷，据测定，约有1千克。不过，这许多磷既不是白磷，也不是红磷，而是以磷的化合物的形式存在于人体。骨头中含磷最多，因为骨头的主要化学成分便是磷酸钙。在人的脑子里，也有许多磷的化合物——磷脂。在人的肌肉、神经中也含有一些磷。动物骨头的主要成分，也是磷酸钙。在坟地或荒野，有时在夜里会看见绿幽幽或浅蓝色的"鬼火"。原来人、动物的尸体腐烂时，身体内所含的磷分解，变成一种叫做磷化氢的气体冒出；磷化氢有好多种，其中有一种叫"联膦"，它和白磷一样，在空气中能自燃，发出淡绿或浅蓝色的光——这就是所谓的"鬼火"。

磷在工业上，被用来制造火柴。火柴盒的两侧，便涂着红磷。当你擦火柴时，火柴头和火柴盒摩擦生热，并从盒上沾了一些红磷。红磷受热着火，先点燃了火柴头上的药剂——三硫化二锑和氯酸钾，然后又点着了火柴梗。

磷还被用来制造磷酸。磷酸可以代替酵母菌，以比它快几倍的速度烤制面包；在优质的光学玻璃、纺织品的生产中，也要用到磷酸。把金属制品浸在磷酸和磷酸锰的溶液里，可以在金属表面形成一层坚硬的保护膜——磷化层，使金属不致生锈。

磷在军事上有个用处：把白磷装在炮弹里可制成"烟雾弹"，在发射后，白磷燃烧生成大量白色的粉末——五氧化二磷，像浓雾一样，遮断了对方的视线。

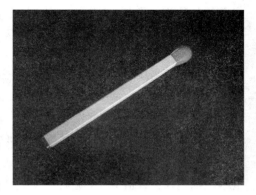

头部沾着红磷的火柴

磷的最大的用途还是在农业方面，因为磷是庄稼生长必不可缺的元素之一，它是构成细胞核中核蛋白的重要物质。磷对于种子的成熟和根系的发育，起着重要的作用。在庄稼开花期间追施磷肥，往往能收到显著的增产效果。一旦缺乏磷，庄稼根系便不发达，叶呈紫色，结实迟，而且果实小。要庄稼长好，每年需要磷肥的数量是很大的。从哪儿获得这么多的磷肥呢？

在 20 世纪前，人们只能从鸟粪、鸡粪、骨灰中获得一点儿磷。现在，化学工业帮助我们从石头——磷灰石中成吨成吨地制取磷肥。这样，磷灰石被誉为"农业矿石"。最常见的磷肥是过磷酸钙，它是灰色的粉末。每 50 千克过磷酸钙中，含有 7.5 千克左右的磷。0.5 千克过磷酸钙所含的磷，相当于 15 ~ 50 千克厩肥、50 ~ 75 千克人粪尿或 70 ~ 100 千克紫云英绿肥中所含的磷。过磷酸钙常被制成颗粒肥料，同厩肥、堆肥等有机肥料混合，用作基肥，有时也用作追肥。此外，磷酸铵也是常见的磷肥，它易溶于水，而且不仅含磷，还含有氮。我国近年来还发展了一种新磷肥——钙镁磷肥，它是用磷灰石、白云石、石英一起混合煅烧而成的，生产比较简易，便于推广。

特别值得提到的是，农业科学工作者，从农业生产实践中，创造了"以磷增氮"的丰产经验。乍一听，"以磷增氮"似乎不可能，因为氮是氮，磷是磷。然而一些豆科作物，如大豆、蚕豆、豌豆、花生、紫云英、草木樨与田菁等，增施了磷肥，确实能增加庄稼吸收氮的能力，提高产量。氮与磷之间，存在着相互约束与相互促进的辩证关系：氮不足时，会影响庄稼吸收磷的能力；磷不足时，会影响庄稼吸收氮的能力。反之，则相互促进。据试验，如果对豆科作物施加了含有 0.5 千克五氧化二磷的磷肥，就能使它从空气中多固定 0.5 千克的氮。氮肥增多了，也就可以提高作物的产量，这便是"以磷增氮"。除了对豆科作物施加磷肥，能有显著的增氮作用外，对于需磷较多的作物如油菜、荞麦，对于在缺磷土壤上生长而需氮量较大的如稻、麦、棉、玉米、果树、青菜等，增施磷肥，也能大大促进作物对氮的吸收，而显著地增产。

磷还是细胞核的重要组成部分。生物的基石——核酸，由多达几十万个核苷酸联结而成，每一个核苷酸单元必不可少地有一个磷酸。磷酸和糖结合而成的核苷酸，是遗传基因的物质基础，直接关系到变化万千的生物世界。

磷在神经细胞里含量丰富。脑磷脂供给大脑活动所需的巨大能量。因此，有位科学家说，磷是细微的元素。这是很有道理的，因为磷在生命起源、进化及生物生存、繁殖中，都起着重要作用。

 知识点

游离态

在化学上，游离态指一元素不与其他种元素化合，而能单独存在的状态。不同金属的化学活动性不同，它们在自然界中存在形式也各不相同。少数化学性质不活泼的金属，在自然界中能以游离态存在，如金、铂、银。金属铁和金属汞都是铁和汞元素以游离态存在于自然界的一种形式。空气中较多气体都是以游离态存在。例如氢气、氧气、氯气和稀有气体等是以单质形式存在的游离态。还有一些特殊的地方存在游离态的物质。例如：火山口附近会有大量的硫黄，这些硫黄是以游离态形式存在的。

热缩冷胀的锑

锑的发现和使用可以追溯到公元前3000年。古埃及人曾使用过锑青铜和金属锑。中国早在夏商、西周、春秋时代就已知道应用锑和锑化物。公元8世纪，阿拉伯的扎比尔·伊本·赫杨首先使用锑的化学术语。古希腊人用"硫化锑矿"作描眉的黑色颜料。1546年人们用木炭将硫化锑还原成功。1604年，巴西尔·波兰亭在《锑的凯旋车》一书中极力称赞锑和锑盐的药用价值。17世纪，德国邵尔德将金属铁与辉锑矿共熔制得锑。

锑的命名希腊文为 antinmonium 有几种解释。原意为非单独存在的金属，说明锑总是和别的矿物一起存在。其元素符号源于 stibnite（含锑矿物名）。

"锑"的原意是"反对僧侣"。据说，在古代西方国家的一些僧侣中，曾经有许多人患有癫病，他们服用一种含锑的矿物（即辉锑矿）来治疗。可是事与愿违，服用锑矿物的僧侣不但没有恢复健康，病情反而恶化甚至死亡。

锑在地壳中的含量不算多，大约占地壳总重量的 0.0001%。已知含锑矿物 120 余种。自然界里有含锑 100% 的天然锑。锑的主要工业矿物有辉锑矿、方锑矿、锑华和锑赭石等。辉锑矿的化学成分是硫化锑。晶体呈长柱状，柱面具纵条纹，集合体常呈放射状或粒状，铅灰色，金属光泽。硬度不大，比指甲稍硬，比同体积的水重 4.6 倍，熔点为 630.5℃。

锑矿石

冶炼出来的锑，是一种银白色的脆性金属。一般金属是热胀冷缩的，而锑和铋却是热缩冷胀。在铅里加入 10% ~20% 的锑后，铅的硬度加大，可用来制造枪弹和炮弹。世界已探明锑矿的总储量为 400 多万吨，其中我国的储量占一半多。

湖南冷水江市不仅锑矿资源丰富，而且锑产品的生产量居全国第一。甘肃也有丰富的锑矿资源，年产锑 500 吨，用作塑料和纺织品的阻燃剂。贵州省东部近年探明一个大型（储量大于 10 万吨）锑矿——半坡锑矿。广西壮族自治区南丹县大厂矿山的锑矿储量现已跃居全国首位。

晶　体

　　晶体是内部质点在三维空间呈周期性重复排列的固体。晶体有下列共性：(1) 规则排列：晶体内部原子至少在微米级范围内规则排列。(2) 均匀性：晶体内部各个部分的宏观性质是相同的。(3) 各向异性：晶体中不同的方向上具有不同的物理性质。(4) 对称性：晶体的理想外形和晶体内部结构都具有特定的对称性。(5) 自限性：晶体具有自发地形成封闭几何多面体的特性。(6) 解理性：晶体具有沿某些确定方位的晶面劈裂的性质。(7) 最小内能：成型晶体内能最小。(8) 晶面角守恒：属于同种晶体的两个对应晶面之间的夹角恒定不变。

氧族元素

YANGZU YUANSU

氧族元素是元素周期表上ⅥA族元素，这一族包含氧、硫、硒、碲、钋、Uuh六种元素，其中钋、Uuh为金属，碲为准金属元素，氧、硫、硒是典型的非金属元素。氧族元素原子最外层有6个电子，反应中易得到2个电子，表现出氧化性。

在标准状况下，氧族元素中除氧单质为气体外，其他元素的单质均为固体。化合物中，氧、硫、硒、碲四种元素通常显−2氧化态，稳定性从氧到碲依次降低；硫、硒、碲最高氧化态可达+6。氧、硫、硒的单质可以直接与氢气化合，生成氢化物。

生命中不可或缺的氧元素

早在公元8世纪，中国人马和在其著作《平龙认》（看风水的书）中曾谈到：大气是由阴、阳两部分组成，阴的部分可用"阳的变化物"如金属、硫黄及木炭等提取出来。燃烧时，这些物质就与大气中阴体混合而生成此两种元素的混合物。阴气是永不纯净的，但以火热之，可以从青石、火硝、黑炭石中提取。水中亦有阴气，它和阳气紧密地混合在一起，很难分解。因此，有人认为阴气就是氧气，从而认为氧气的最早发现者是中国人。对这一说法存有争论。不过至少可以说，在一千多年前，我国学者马和已经对氧气作了十分深入的研究。

17 世纪，荷兰化学家德莱贝尔曾加热硝石制得过氧气，但未进行研究。约 1700 年前后，德国化学家斯塔尔提出一种理论解释为什么有些物质在加热时会燃烧或生锈。他认为这样的物质含有 "phlogiston"（燃素），它源自希腊词 phlogistos，原意为 "易燃的"。

1756 年俄国化学家罗蒙诺索夫曾在密闭玻璃器内煅烧金属，做了金属煅烧后重量增加的试验并指出：重量的增加是由于金属在煅烧时吸收了空气的结果。

1772 年，瑞典化学家舍勒首先制得纯净的氧气并对其性质进行了研究。他用硝酸盐硝酸钾（KNO_3）、硝酸镁 [$Mg(NO_3)_2$]、氧化物氧化汞（HgO）、碳酸盐碳酸银（Ag_2CO_3）、碳酸汞（$HgCO_3$）加热分解和用软锰矿与浓硫酸或浓砷酸混合蒸馏，从空气中分出了 "火气"（Fireair, "维持生命的那部分空气"）。但他的研究成果迟至 1775 年才发表。发现氧的荣誉被英国牧师兼化学家普里斯特利所得。1774 年，普里斯特利利用聚光镜加热汞煅灰（氧化汞 HgO），且用排水集气法收集被分解出的气体，研究其性质。他发现这种空气能帮助蜡烛燃烧，使呼吸轻快，使人感到格外舒畅。但由于燃素学说的禁锢，他把这种新气体称作 "dephlogisticated air"，意为 "脱去燃素的空气"。

1774 年，法国化学家拉瓦锡用 Sn 和 Pb 做了著名的金属煅烧试验，指出燃烧就是金属与这种被其称作 "上等纯空气" 的气体化合的结果，从而推翻了人们信奉达百年之久的 "燃素学说"，建立了燃的氧化学说，拉瓦锡也获得了 "现代化学之父" 的尊称。

但拉瓦锡错误地认为在所有的酸中都含有这种新物质，因此他把这种气体命名为 "oxygine"，在英语中就是 oxygen（氧），它源自希腊词 oxys（意为 "强烈" 的、"锐利的"）和希腊语中的后缀 – genes（意为 "产生"）。所以 oxygen 原意就是 "产生某种强烈味道（酸味）的东西"。换句话说，氧这一名称意味着酸的形成者。在日语中把氧称为 "酸素" 就是这个意思。

德国人也承袭了拉瓦锡的错误，他们用德语将氧气命名为 "Sauerstoff"，意为 "酸的物质"。

中文曾命名为 "养气"，取 "养气之质" 之意，即人的生命必不可少的东西。

氧是地球上最多的元素，几乎占地壳总重量的一半。浩瀚的大海、嶙峋的山岩、茂密无边的森林，乃至千姿百态的飞禽走兽、花鸟虫鱼，都有氧充当主要材料。水由氧和氢组成，泥土是硅的氧化物，而氧又和碳、氢变化成纤维、糖类、蛋白质等几百万种有机化合物。

没有氧，我们的世界真是不可想象。

游离的氧气是空气的两大主要成分之一，总重量达 1000 万亿吨，占空气重量的近 1/4。人在没有氧气的情况下，连十分钟也活不下去。据统计，成年人每分钟呼吸 16 次，每次大约吸入 0.5 升氧气，一天需要吸入 1 万多升氧气，这是多么惊人的数量！

拉瓦锡（1743—1794）

氧气是地球成为生命乐园的关键物质。有了氧气，生物才沿着从低等到高等、从简单到复杂这一进化阶梯，演变、发展并转化，最终形成人类。

原来，在 46 亿年前，地球刚诞生的时候，没有像样的"外衣"——大气圈。后来，才出现了原始的大气——二氧化碳、甲烷、氮气和水蒸气，即还原性大气。

十多亿年以后，原始的生命在海洋里出现了。蓝绿藻进行光合作用的结果，使大气里的二氧化碳越来越少。生命进行曲从此奏响了热闹非凡的乐章。地球大陆上，森林繁茂，大量释放氧气，使二氧化碳减少了 10 万倍，成为微不足道的 3/10000 含量，方有今天这样丰富的氧气。

在这种氧化性大气里，氧气被动植物和人类吸收，在体内进行缓慢的氧化，提供能量，进行新陈代谢。

氧气在 24 千米的高空，受到太阳光的辐射，形成臭氧层。臭氧和氧气是同宗兄弟，都由氧原子组成，只不过在氧分子里有 2 个氧原子，臭氧分子却是 3 个氧原子。尽管臭氧只占那儿空气的 1/4000000，但是由于它的生成，吸收了大量紫外线，使太阳光到达地面时，紫外辐射大大减弱，不再危及人类和生物，保护了生命万物。

臭氧和氧气，这种由相同元素形成的不同单质，叫做氧的"同素异形体"。它俩性格不同，氧气无臭无味，而臭氧却是具有刺激性气味的气体。臭氧在稀薄状态下并不臭，闻起来使人有清新爽快之感。雷雨之后的空气，松树林里，都令人呼吸舒畅、沁人心脾，就是有少量臭氧存在的缘故。

臭氧的化学性质比氧气活泼，氧化能力强。在臭氧气氛中，棉花、木屑等有机物质会自行燃烧起来。臭氧能氧化色素，使有的染料退色。它氧化病菌，为空气、饮水消毒，快速而且不留气味。市场上出现的臭氧发生器，便是人造闪电产生臭氧，使空气净化、新鲜的好设施。

但是近年来，保护地球生命的高空臭氧层面临严重的威胁：同温层飞行的喷气式飞机和火箭、导弹将大量废气排放到高空，臭氧被消耗，减少了1%。发展下去，就会给臭氧保护伞捅开大窟窿，紫外线和宇宙辐射将长驱直入，伤害地球生灵。这为环境保护提出了严峻的课题。

生命离不了氧气，工业、国防也少不得氧。在医院的急救站里，在登山运动员的肩背上，在深海作业的舰艇中，在潜水姑娘的身边，氧气钢瓶不可缺少。工厂的切割、焊接车间，炼钢炉内，化工厂的原料气中，氧气也唱主角。

冶金工业是目前用氧量最大的一个部门。炼铁需要鼓风。如果鼓进纯氧或富氧空气，可以大大提高炉温，从而降低焦炭消耗，使生铁增产。鼓风时进气的含氧量增加1%，生铁产量可以提高4%~6%；含氧量增加4%，生铁增产20%。同样，炼钢采用纯氧吹炼，大大提高炉温，缩短冶炼时间。一座300吨纯氧顶吹的大型转炉，吹炼时间不到20分钟，而同样容量的平炉炼一炉钢却需要六七个小时。纯氧吹炼的钢中含氮、氢等有害杂质少，产品质量高。

氧气瓶

用于气焊和气割的乙炔氧焰，可达到3000℃高温，"削铁如泥"。

因为氧气生性活泼，能和绝大多数元素化合，生成氧化物，同时放出

光和热，科学家法布尔曾经把这比喻为氧姑娘举行婚礼时的礼花和彩灯。

液氧和液氢的剧烈燃烧，产生巨大的推动力，使火箭拔地而起。将多孔的易燃物质，如煤炭、木屑、稻草、棉花等，浸泡在液氧中，制成"液氧炸药"，用电火花引火，它就立即爆炸。液氧炸药成本便宜，使用方便。如果因故未发生爆炸，在15分钟以后即可解除警戒，这是液氧已经迅速挥发殆尽的缘故。

通入氧气的水——混氧水，用来饲喂幼畜可以促进生长发育。原来，医学家们发现，幼畜内脏发育还不健全，氧不能到达血管末梢，胃经常处在缺氧状态，难于分泌充足的胃液。所以，幼畜常患消化不良症。有人用出生26～45天的仔猪做实验，发现饮用混氧水后的小猪体重比饮用普通水的多15%～40%。饮用混氧水的小猪脂肪少、肌肉多，抗病力强。

氧气还能给人治病。空气里加入纯氧，供病人呼吸，或者在高压氧舱里让病人吸进高浓度的氧气，治疗肺水肿、心脏病、煤气中毒，都有显著疗效。有意思的是，尽管人们生活离不开氧，长期以来，氧却被人熟视无睹，以为空气是一种单质。

燃　素

燃素学说是早前化学家们对燃烧的一种解释，他们认为火是由无数细小而活泼的微粒构成的物质实体。这种火的微粒既能同其他元素结合而形成化合物，也能以游离方式存在。大量游离的火微粒聚集在一起就形成明显的火焰，它弥散于大气之中便给人以热的感觉，由这种火微粒构成的火的元素就是"燃素"。燃素说在一定程度上解释了当时不能解释的现象，由此获得了当时很多科学家的认同。现在我们知道，这种观念是错误的。

氧的同族"兄弟"——硫元素

由于硫在自然界有天然存在，因此，古代在有历史记载以前，人们就发现了硫。《本草经》（秦汉）中说："石硫黄能化金银铜铁，奇物。"说明我国古代学者早已对硫的性质有所研究。

硫的基本性质早在1777年就为拉瓦锡所认识。

硫的命名起源于远古时代，中国《本草纲目》中称"石硫黄"，拉丁文称"Sulfur"，在英国写作"Sulphur"。欧洲中世纪炼金术士曾用"ω"符号表示硫。

硫单质，也就是我们通常所说的硫黄，它和我们的生产、生活有密切的关系。

硫在很早以前就引起了人们的重视。在炼丹家们的炼丹炉里，炼丹家惊异地发现，硫不但能和铜、铁发生化学反应，而且居然还能把神奇的水银制服，所以人们对它很器重，用它来作为制造长生不老的仙丹妙药的原料和点石成金的药物。

硫在化学元素周期表中居第三周期第六主族，和氧是同族兄弟。硫的原子序数为16，第三电子层有6个电子，它总是企图再搜罗两个电子达到饱和状态，特别容易同能够献出两个电子的金属元素接近，进行化学反应。

硫在地壳中含量只有0.052%，但分布很广，单体硫和含硫化合物在国民经济各部门起着重要作用，在工业、农业、现代科技中，是一种举足轻重的元素。

硫 黄

在农业上，硫黄是重要的农药。不过，硫黄只能杀死它周围1毫米以内的害虫，因此，在使用时，人们不得不把它研得非常细，然后，均匀地喷撒到庄稼的叶子上。为了增强杀虫力，现在人们大都把硫黄和石灰混合，制成石灰硫黄混合剂。石灰硫黄混合剂是透明的樱红色溶液，常用来防治小麦锈病和杀死棉花蜘蛛、螨等。

在橡胶的生产中，硫有着特殊的用途。生橡胶受热易黏，受冷易脆，但加入少量硫黄后，由于硫黄能把橡胶分子联结在一起，起"交联剂"的作用，因此大大提高了橡胶的弹性，受热不粘，遇冷不脆。这个过程叫做"硫化处理"。

　　硫能燃烧，是制造黑色火药的三大原料（木炭粉、硝酸钾、硫黄）之一。我国是世界上最早发明黑色火药的国家。

　　不过，硫最重要的用途是在于制造它的化合物——硫酸。硫酸，被人们誉为"化学工业之母"，很多化工厂及其他工厂都要用到硫酸。例如，炼钢、炼石油要用大量的硫酸进行酸洗；制造人造棉（粘胶纤维）要用硫酸作凝固剂；制造硫酸铵、过磷酸钙等化肥，也消耗大量硫酸。此外像染料、造纸、蓄电池等工业，以及药物、葡萄糖等的制造，都离不了硫酸。

　　硫酸是无色、透明的油状液体，纯硫酸的比重是水的1.8倍多。浓硫酸具有极强的吸水性。你见过"白糖变黑炭"吗？你只要把浓硫酸倒进白糖里，白糖立即变成墨黑的了。这是因为白糖是碳水化合物，浓硫酸吸走了其中的水（氢、氧），剩下来的当然是墨黑的炭了。不过，把浓硫酸用水冲稀时，千万要注意，应该是把浓硫酸慢慢倒入水中，而不能把水倒入浓硫酸中。这是因为浓硫酸稀释时，会放出大量的热，以致会使水沸腾起来。水比浓硫酸轻得多，把它倒进浓硫酸中，它就会像油花浮在水面上似的浮在浓硫酸上面。这时，发生的高热能使水沸腾起来，很容易使酸液四下飞溅，造成事故。硫酸是三大强酸之一，具有很强的酸性和腐蚀性。硫酸滴在衣服上，很快便会使衣服烂一个洞。

　　硫酸现在已很少用硫黄做原料来制造，而是用硫的化合物——黄铁矿（硫化铁）做原料。硫酸的工业制造方法有铅室法（制成浓度约为65%）、塔式法（制成浓度为75%～76%）和接触法（制成浓度93%、98%或105%）。

　　硫燃烧，形成紫蓝色的火焰，并伴随有一股呛人的气体——二氧化硫。黄铁矿燃烧后，也生成二氧化硫。二氧化硫经进一步氧化，变成三氧化硫。三氧化硫溶解于水，就成了硫酸。二氧化硫具有一定的漂白作用。有这样一个化学魔术：把一束彩色花放在玻璃罩里，点燃硫黄，彩色花很快便变成白花了。这就是由于硫燃烧，生成大量的二氧化硫，使彩色花退色。现在，工业上常用二氧化硫作漂白剂，漂白不能用氯漂白的稻草、毛、丝等物体。麦秆是金黄色的，用麦秆编成的草帽却是白色的，这草帽便是用二氧化硫熏过，漂成白色的。

　　硫的另一重要化合物是硫化氢。硫化氢是大名鼎鼎的臭气。粪便中有它，臭鸡蛋的臭味也是它在作怪。硫化氢对人体有毒，吸入含有1%的硫化氢的空气会使人中毒。如果浓度更大些时，会使人昏迷，甚至因呼吸麻痹而死亡。在工业上，硫化氢常被用来制造硫化物、硫化染料以及作为强还原剂。银器遇上硫化氢，会变成黑色的硫化银。大气中常含有微量的硫化氢，这些硫化氢大都来自火山喷发的气体以及一些动植物腐烂后产生的气体。

硫是重要的一种非金属，它广泛地存在于大自然。除了存在着天然的纯硫外，还有各种含硫矿物，如方铅矿（硫化铅）、黄铁矿（二硫化铁）、闪锌矿（硫化锌）等。在蛋白质中，也常含有硫。臭鸡蛋之所以会产生很臭的硫化氢，便是由于在鸡蛋的蛋白质（特别是蛋黄）中含有硫。另外，在煤中平均含硫 $1\% \sim 1.5\%$，这些硫一部分是以黄铁矿形式存在，另一部分则以有机化合物的形式存在。在煤块中常可看到金闪闪的粉末，那便是夹杂着的黄铁矿。含硫量高的煤，不能用来炼铁，因为它会使铁热脆。

交联剂

交联剂是指能在线型分子间起架桥作用从而使多个线型分子相互键合交联成网络结构的物质。交联剂在不同行业中有不同叫法。在橡胶行业习惯称为"硫化剂"；在塑料行业称为"固化剂"、"熟化剂"、"硬化剂"；在胶黏剂或涂料行业称为"固化剂"、"硬化剂"等。称呼虽有不同，但所反映的化学本性是相同的。交联剂主要应用在高分子材料中，因为高分子材料的分子结构就像一条条长的线，没交联时强度低，易拉断，且没有弹性，交联剂的应用使高分子相互连在一起，形成网状结构，强度和弹性都得到了大幅度的增加。

卤族元素
LUZU YUANSU

卤族元素指元素周期表中ⅦA族元素，包括氟、氯、溴、碘、砹，简称卤素。它们在自然界都以典型的盐类存在，是成盐元素。

卤族元素的单质都是双原子分子，它们的物理性质的改变都是很有规律的，随着分子量的增大，卤素分子间的色散力逐渐增强，颜色变深，它们的熔点、沸点、密度、原子体积也依次递增。卤族元素的最外电子层上都有7个电子，有取得一个电子形成稳定结构的倾向，因此卤族元素都有氧化性，原子半径越小，氧化性越强，氟单质的氧化性最强。卤族元素和金属元素构成大量无机盐，此外，在有机合成等领域卤族元素也都发挥着重要的作用。

■■■ "不可驯服" 的元素——氟

氟的发现，被认为是上个世纪最困难的任务之一。自1768年马格拉夫发现氟化氢（HF）以后，到1886年法国化学家莫瓦桑制得单质氟（F_2）经历了118年之久。这其中不少科学家为此不屈不挠地辛勤劳动，很多人由此而中剧毒，有的甚至贡献了他们宝贵的生命。

1529年德国化学家阿格里科尔确认萤石的存在，人们开始认识氟的存在。

1670 年德国纽伦堡的艺术家斯瓦恩哈德发明用萤石和硫酸作为玻璃工业的刻蚀剂。1764 年马格拉夫研究了硫酸与萤石的反应。

1780 年瑞典化学家舍勒在研究硫酸与萤石作用时，他断言生成的酸是一种无机酸，称之为萤石酸，并预言在这种酸中，含有一种新的活泼元素。当时曾被称为"不可驯服的""不可捉摸"的元素。从这以后，许多化学家致力于分离这个未知元素，但一次一次都失败了。先后有德、英、瑞典、比利时、法国的化学家参加了研究工作。仅在法国就经历了 4 代人，总共 106 年。为了征服元素氟，先后有 4 位化学家由于氟中毒而献出了生命，其中有爱尔兰科学院成员托玛克·洛克斯（Tomac Noks）兄弟俩、比利时化学家路易埃（P. Louie）、法国化学家杰罗·玛尼克莱（J. Malikre）；有的化学家如戴维、莫瓦桑等由于在研制过程中受氟的危害得了重病而过早地去世。

法国科学家莫瓦桑

1886 年法国人莫瓦桑在总结前人经验基础上，利用铂制 U 形管，用铂铱合金作电极，在 -23℃ 下，电解干燥的氟氢化钾，终于第一次制得单质氟。这一成果轰动了当时法国科学院，也成为当时世界化学领域的一个重大事件。莫瓦桑因此而被授予 1906 年度诺贝尔化学奖。但由于有害气体的毒害和长期的劳累，莫瓦桑于获奖的次年便去世，年仅 55 岁。

关于氟的命名，早在 1810 年德国化学家戴维与安培就曾建议用希腊字"Fluo"表示这个未知元素，含"流动"之意。因含氟矿物称为萤石或氟石，远古时代，人们在金属冶炼过程中就知道用萤石作熔剂。萤石和矿石在一起加热时，会使杂质生成流动性的矿渣而与金属分离，因此将其称为 fluores，拉丁语"流动"（fluere）之意。元素氟"Fluorine"，自萤石（fluor）中制得因此而得名。法语从氟化氢（HF）的性质又赋予氟元素"破坏的"原意。

在所有的元素中，氟是最活泼的。

氟是淡黄色的气体，有特殊难闻的臭味，剧毒。在 -188℃ 以下，凝成黄色的液体，在 -223℃变成黄色结晶体。在常温下，氟几乎能和所有的元素化合：大多数金属都会被氟腐蚀，碱金属在氟气中会燃烧，甚至连黄金在受热后，也能在氟气中燃烧。许多非金属，如硅、磷、硫等同样也会在氟气中燃烧。如果把氟通入水中，它会把水中的氢夺走，放出原子氧。例外的只有铂，在常温下不会被氟腐蚀（高温时仍被腐蚀），因此，在用电解法制造氟时，便用铂作电极。

在原子能工业上，氟有着重要的用途：人们用氟从铀矿中提取铀235，因为铀和氟的化合物很易挥发，用分馏法可以把它和其他杂质分开，得到十分纯净的铀235。铀235是制造原子弹的原料。在铀的所有化合物中，只有氟化物具有很好的挥发性能。

氟最重要的化合物是氟化氢。氟化氢很易溶解于水，水溶液叫氢氟酸，这正如氯化氢的水溶液叫盐酸一样。氢氟酸都是装在聚乙烯塑料瓶里的。如果装在玻璃瓶里的话，过一会儿，整个玻璃瓶都会被它溶解掉——因为它能强烈地腐蚀玻璃。人们便利用它的这一特性，先在玻璃上涂一层石蜡，再用刀子划破蜡层刻成花纹，涂上氢氟酸。过了一会儿，洗去残余的氢氟酸，刮掉蜡层，玻璃上便出现美丽的花纹。玻璃杯上的刻花、玻璃仪器上的刻度，都是用氢氟酸"刻"成的。由于氢氟酸会强烈腐蚀玻璃，所以在制造氢氟酸时不能使用玻璃的设备，而必须在铅制设备中进行。

在工业上，氟化氢大量被用来制造聚四氟乙烯塑料（俗称特富隆）。聚四氟乙烯号称"塑料之王"，具有极好的耐腐蚀性能，即使是浸在王水中，也不会被侵蚀。它又耐250℃以上的高温和 -269.3℃以下的低温，这在原子能工业、半导体工业、超低温研究和宇宙火箭等尖端科学技术中，有着重要的应用。我国在1965年已试制成功"聚四氟乙烯"。聚四氟乙烯的表面非常光滑，滴水不沾。人们用它来制造自来水笔的笔尖，吸完墨水后，不必再用纸来擦净墨水，因为表面上一点墨水也不沾。氟化氢也被用来氟化一些有机化合物。著名的冷冻剂"氟利昂"，便是氟与碳、氯的化合物。在酿酒工业上，人们用氢氟酸杀死一些对发酵有害的细菌。

大家都见过显微镜吧。

从树上摘下一片叶子，切下一点，把它捣碎，把流出来的汁水蘸一点，放在显微镜的镜头下，你从镜头上面看下去，就可以看到许多植物的细胞，而用肉眼是看不见它们的。

多么奇妙的镜头啊!

可你知道镜头是用什么做成的吗?

这大家都知道,镜头是用玻璃磨制而成的。然而,在镜头上还有另外一种东西,这就是氟的一种化合物。

奇怪,镜头上为什么要用氟的化合物呢?

原来,普通玻璃都会反射光线,当光线通过棱镜或透镜时,总会有不同程度的损失,其中的大部分是由于玻璃的反射造成的。这对普通玻璃来说算不了什么,可是对一部精密的光学仪器来说,就了不得了。镜头上损失的一些光线可能会引起科学研究上的重大失误。

所以,一部精密的光学仪器要求入射光线的损失降低到最小的程度,而普通的玻璃是办不到这一点的。

那怎么办呢?

这时活泼的氟派上用场了。

果然,人们在玻璃的表面涂上一层薄薄的氟化物之后,玻璃反射光线的能力一下子降到了原来的 1/10,这样就大大地提高了光学仪器的效率和科学研究的准确性。

这种表面涂氟化物的化学玻璃在照相机上也有很重要的作用,用它做成的照相机镜头能吸收物体反射过来的差不多所有的光线,因而照出的相片更清晰、更好看。

玻璃一般都是透明的,可是,在普通玻璃中加进一些氟化物后,就可以制造出一种乳白色的玻璃,利用这种玻璃制造的灯泡可以降低钨丝的耀眼程度,还可以使灯泡发出的光线比以前更亮,真是一举两得。

我们知道,饭好吃锅难洗,特别是烧过粥的锅,在锅底经常粘着一层锅巴,洗起来很麻烦。

有没有一种不粘饭菜的锅呢?

现在,一些厂家已经推出了这种使用起来十分方便的不粘锅,在炒菜烧饭时再也不用担心粘锅底了,而且吃完饭后,只要用水一冲,锅就会干干净净。

那么,这种锅为什么会有这种性能呢?

这是因为人们在锅的内表面涂了一层"特富隆",它的学名叫聚四氟乙烯,表面十分光滑,所以食物不会粘在它上面。而且,这层"特富隆"还可

以把食物跟铝质隔开，能够避免人体摄入过量的铝。

在 1916 年时，美国科罗拉多州一个地区的居民都得了一种怪病，无论男女老幼，牙齿上都有许多斑点，当时人们把这种病叫做"斑状釉齿病"，现在人们一般都把它称作"龋齿"。

这儿的居民为什么都会得上这种病呢？

原来，这里的水源中缺氟，而氟是人体必需的微量元素，它能使人体形成强硬的骨骼并预防龋齿。当地的居民由于长期饮用这种缺氟的水，因而对龋齿的抵抗力下降，全都患了病。

为何人体缺氟会患上龋齿呢？

这是因为：我们每天吃的食物，都属于多糖类，吃完饭后如果不刷牙，就会有一些食物残留在牙缝中，在酶的作用下，它们会转化成酸，这些酸会跟牙齿表面的珐琅质发生反应，形成可溶性的盐，使牙齿不断受到腐蚀，从而形成龋齿。

而如果我们每天吸收适量的氟，那么氟就会以氟化钙的形式存在于骨骼和牙齿中。氟化钙很稳定，口腔里形成的酸液腐蚀不了它，因而可以预防龋齿。

为了预防龋齿，人们采取了许多措施。比如说在缺氟的水中补充一些氟。这样人们在喝水时不知不觉地会吸收一些氟，另外，人们还研制出了各种含氟牙膏，它们中的氟化物会加固牙齿，不受腐蚀，而且，有些氟化物还能阻止口腔中酸的形成，这就从根本上解决了问题，因而效果十分明显。

在大自然中，氟的分布很广，约占地壳总重量的万分之二。最重要的氟矿是萤石——氟化钙。萤石很漂亮，有玻璃般的光泽，正方块状，随着所含的杂质的不同，有淡黄、浅绿、淡蓝、紫、褐、红等色。我国在古代便已知道萤石了，并用它制作装饰品。现在，萤石大量被用来制造氟化氢和氟。在炼铝工业上，也消耗大量的萤石，因为用

萤 石

电解法制铝时，加入冰晶石可降低氧化铝的熔点。天然的冰晶石很少，要用萤石做原料来制造。除了萤石外，磷灰石中也含有约 3% 的氟。土壤中约平均含氟 2/10000，河水中含氟 2/10000000，海水中含氟约 1/10000000。

在人体中，氟主要集中在骨骼和牙齿，特别是牙齿，含氟达 2/10000。牡蛎壳的含氟量约比海水含氟量高 20 倍。植物体也含氟，尤其是葱和豆类含氟最多。如果长期生活在贫氟区域，则易引起龋齿症。但若一直生活在高氟区，则高氟又会破坏钙磷的正常代谢，使骨质发生异常改变，干扰某些酶的正常作用和蛋白质的代谢，从而影响中枢神经的正常活动，降低应激性。严重氟中毒后，由于病人脊柱发生异常弯曲，呈驼背畸形，四肢肌肉萎缩，甚至呈半瘫痪或瘫痪状态，生活不能自理。

氟利昂是大家熟悉的制冷剂，由于它的大量使用，使进入大气中的含氟化物逐年增加，造成严重的大气污染，臭氧层稀薄。因此，氟的回收和综合利用，已经成为一项十分重要的任务。

氟中毒

氟中毒是指过量的氟进入体内，沉积在牙齿和骨骼上，形成氟斑牙和氟骨症。氟中毒属于一种慢性全身性疾病，早期表现为疲乏无力、食欲不振、头晕、头痛、记忆力减退等症状。氟斑牙在牙齿表面出现白色不透明的斑点，斑点扩大后牙齿失去光泽，明显时呈黄色、黄褐色或黑褐色斑纹。严重者牙面出现浅窝或花样缺损，牙齿外形不完整，往往早期脱落。氟骨症表现为腰腿痛、关节僵硬、骨骼变形、下肢弯曲、驼背，甚至瘫痪。

令人窒息的有毒元素——氯

早在 13 世纪，人们就可能注意到氯和它的常见酸衍生物——盐酸，中世纪时已有王水。

1658 年，德国化学家格劳拜尔用硫酸处理普通的盐，得到一种溶液，

该溶液能发出一种窒息性的蒸气，即氯化氢，他把该物质称为"盐精"（spirit of salt）。

由于"盐精"是由盐制得的，且其溶液呈酸性，而盐又最容易从海水中制取，所以这种新物质又被命名为 Marine acid 或 Muriatic acid。在拉丁语中，maie 意为"海"，而 muria 意为"海水"，所以将 muriatie acid 直译为"海酸"，即盐酸。现代化学中，muriatic 一词的含义是"氯化物"。

所谓"海酸"正好是一种无氧酸，但在 18 世纪后期关于酸的理论认为所有的酸一定都含有氧，所以认为"海酸"分子一定是由氧原子和一些被称为 murium（意为"海水物质"）的未知元素组成的。这种错误理论导致了一些化学家误入歧途。1774 年，瑞典化学家舍勒在用二氧化锰处理"海酸"时，获得一种令人窒息，气味难闻的黄绿色气体，同加热后的王水相仿，化学性质活泼，但舍勒并没有认识到自己发现了一种新元素，而只是把它看做一种从二氧化锰获得了附加的氧的"海酸"，认为氯是"脱燃素的酸"。1785年法国化学家贝托雷提议把这种黄绿色气体叫做 Oxymuriatic acid 意为"过氧海酸"。而另一些人则提议将它命名为 murium oxide，意为"海水物质的氧化物"。

以后的许多化学家们想尽各种办法，诸如利用金属、红热木炭、磷，或任何一种著名的吸氧剂，都没有能从"过氧海酸"中分解出氧来，在这一系列失败之后，直至 1810 年英国的年轻化学家戴维曾企图分解氯气制取氧的实验也告失败，这时他认识到只有认为"过氧海酸"是一种元素，那么所有有关的试验才能得到合理解释。因此他大胆得出结论："海酸"中不含氧，且断定那种黄绿色的令人窒息的气体是一种新元素，推翻了所有以前采用过的容易使人误入歧途的名称，开始称它为 Chlorine 即"氯"。以后的化学发展新实验也证实了这一结论的正确性，那种关于"一切酸中皆含有氧"的见解也得到了纠正。而"海酸"现在通常称为"盐酸"或"氢氯酸"。

氯是黄绿色的气体，有股强烈的刺激性臭味。氯是瑞典化学家舍勒在 1774 年发现的，它的希腊文原意就是"绿色的"。我国清末翻译家徐寿，最初便把它译为"绿气"，后来才把两字合为一字——"氯"。氯约比空气重 2.5 倍，每升氯重 3.21 克（在标准条件下）。在常温和 6 个大气压下，氯就可以被液化，变成黄绿色的液体。在工业上，便称之为"液氯"。

氯的化学性质很活泼，它几乎能跟一切普通的金属，以及除了碳、氮、

瑞典化学家舍勒

氧以外的所有非金属直接化合。不过，氯在完全没有水蒸气存在的情况下，却不会与铁作用。这样，在工业上，液氯常常被装在钢筒里。装液氯的钢筒，一般都漆成绿色。（习惯上，装氧的钢筒漆为蓝色；装氨的漆成黄色；装二氧化碳的则漆成黑色。化工厂中输送这些气体的管道，也往往漆成这些颜色，用以区别。不过，也有例外的。）

氯是呛人、令人窒息的有毒气体。在空气中，如果含有 1/10000 的氯气，就会严重地影响人的健康。在制氯的工厂中，空气里游离氯气的含量最高不得超过 1 毫克/立方米。氯气中毒时，人会剧烈地咳嗽，严重时使人窒息、死亡。一旦发生氯气中毒，应把患者抬到空气新鲜的地方，吸入酒精和乙醚的混合蒸气，作为解毒剂。吸入氨也有解毒作用。氯气虽然是有毒的，而氯的化合物有的却是无毒的。

氯气易溶于水，在常温常压下，1 体积水大约可溶解 2.5 体积的氯气。氯气的水溶液，叫做"氯水"。我们平常所用的自来水，严格地说，是一种很稀的氯水。这是因为在自来水厂，人们往水里通入少量氯气，来进行杀菌、消毒。另外，人们也常把氯气通入石灰水中，制成漂白粉（次氯酸钙）。漂白粉也可用来作饮水消毒。在工业上，漂白粉还被用来漂白纸张、棉纱、布匹，因为它在水中能分解，放出具有很强氧化能力的初生态氧，具有很强的氧化性能。不过漂白粉必须保存在阴凉的地方，它受热或见光，都会逐渐分解，失去杀菌、漂白能力。

氯气能在氢气中燃烧，氢气也能在氯气中燃烧，燃烧后，都生成重要的氯化物——氯化氢。氯化氢是无色的气体，有一股刺鼻、呛人的气味。在工业上，氯化氢是制造产量很大、用途很广的塑料——聚氯乙烯的主要原料。现在，绝大部分塑料雨衣、塑料窗帘、塑料鞋底、人造革等，都是用聚氯乙烯塑料做的。

氯化氢很易溶解于水，在常温常压下，1 体积的水可以溶解 450 体积的氯化氢。氯化氢的水溶液是大名鼎鼎的强酸——盐酸。在化学工业上，盐酸是重要的化工原料，在冶金工业、纺织工业、食品工业上，也有广泛的应用。在人的胃中，含有浓度为 5‰ 的盐酸，它们能促进食物的消化，并杀死病菌。有些人因胃液中缺少盐酸，引起消化不良，患了胃病，医生就常给他们喝些稀盐酸。当然，浓盐酸是万万喝不得的，它具有强烈的腐蚀性。人们在焊接金属时，常在表面涂些盐酸，以便清除杂质。

氯的另一个重要化合物是食盐——氯化钠。食盐是工业上制氯和盐酸的原料。此外，像氯化钾也是重要的钾肥；无水氯化钙很易吸水，是常用的干燥剂；氯化银是制造照相纸和底片的重要感光材料；氯化锌则用作铁路枕木的防腐剂。

氯的有机化合物也很多。著名的农药——六六六、滴滴涕、氯化苦、敌百虫、乐果、赛力散等，都是含氯的有机化合物。三氯甲烷俗称氯仿，是医院中常用的环境消毒剂。四氯化碳是常用的溶剂和灭火剂。

衍生物

母体化合物分子中的原子或原子团被其他原子或原子团取代所形成的化合物，称为该母体化合物的衍生物。如卤代烃、醇、醛、羧酸可看成是烃的衍生物，因为它们是烃的氢原子被取代为卤素、羟基、氧等的产物。又如酰卤、酸酐、酯是羧酸衍生物，因为它们是羧酸中的羟基被卤素和一些有机基团取代的产物。

■■■ "紫罗兰色" 的元素——碘

1811 年，法国一位药剂师库特瓦从海藻灰母液中发现碘。库特瓦将硫酸加入被烧过的海藻灰母液中，分离出一种黑色粉末。他将这种粉末加热时，会形成紫色蒸气，并有一股和氯气相仿的气味，这种蒸气遇冷又变成暗黑灰色晶体，光泽与金属体无异。就这样库特瓦在无意之中发现了一种新元素。

1814 年，戴维根据上述特性将新元素取名为 Iodine，即"碘"。该词源自希腊词 iodes，意为"像紫罗兰色的"。

在俄罗斯，碘的元素符号为"J"。

碘是一个很有意思的元素：碘虽然是非金属，但却闪耀着金属般的光泽；碘虽然是固体，却又很易升华，可以不经过液态而直接变为气态。人们常以为碘蒸气是紫红色的，其实不然，这是因为夹杂着空气的缘故，纯净的碘蒸气是深蓝色的。然而，碘的盐类的颜色，大部分倒和食盐一样——都是白色晶体，只有极少数例外，如碘化银是浅黄色，碘化铜闪耀着黄金般的色彩。

碘在大自然中很少，仅占地壳总重量的 1/10000000。可是，由于碘很易升华，因此到处都有它的足迹：海水中有碘，岩石中有碘，甚至连最纯净的冰洲石、从宇宙空间掉下来的陨石、我们吃的葱、海里的鱼，都有微量的碘。海水中碘含量约为 1/100000，不过，海里倒有许多天然的"碘工厂"——海藻。它们从海水中吸收碘。据测定，在海藻灰中约有 1% 的碘。世界上也有一些比较集中的碘矿，含有较多的碘酸钠和过碘酸钠。在智利硝石中，也含有一些碘化物。

碘能微溶于水，但更易溶解于一些有机溶剂。碘溶液的颜色有紫色、红色、褐色、深褐色，颜色越深，表明碘溶解得越多。碘酒便是碘的酒精溶液，它的颜色那么深，便是因为碘很易溶解于酒精。碘酒能杀菌，常作皮肤消毒剂。涂了碘酒后，黄斑会逐渐消失，那是因为碘升华了，变成了蒸气，散失在空气中。

早在 1850 年法国植物学家查廷发现，甲状腺肿和缺碘有关。碘在人体内约 20～50 毫克，其中 1/5 集中在约 20～25 克重的甲状腺内，其余分布在血清、肌肉、肾上腺、卵巢中。

甲状腺分泌甲状腺素，这种激素能显著增强机体的能量代谢和机体代谢，使糖、脂肪及蛋白质的分解代谢增强。甲状腺素分泌不足会使儿童生长发育停滞。人体缺碘时，会引起甲状腺增生、结节和隆起——甲状腺肿（又叫大脖子病）。据统计，全世界患地方性甲状腺肿达 2 亿人。在微量元素对人体的影响中，碘的危害最为严重。当人体中微量元素偏离正常浓度时，人就会生某种疾病，因缺碘引起的疾病最为常见。

据推测，一般情况下，地球上淡水含碘值平均为 0.3 微克/升，海水 52 微克/升，大气 0.2 微克/立方米，岩石、沙漠、冻土 5 毫克/千克，耕地和草地 3 毫克/千克。

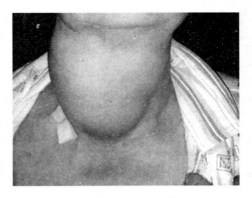

缺碘引起的大脖子病图

大多数酸性土壤的含碘量低于碱性和中性土壤。山地和丘陵土中含碘量低，沿海较内地含碘高。我国缺碘区分布较广，特别是燕山山地、太行山地、秦巴山地、西南高原山地、青藏高原和偏居内陆的省区，均为缺碘区。

含碘丰富的食物是海带、紫菜、海参等。我国政府为了人民群众的健康，在全国范围内提倡食碘盐，有效地控制了碘缺乏症的发生。

人们发现，在牛或猪的饲料中，加入少量的碘化物，能促进它们的发育。母鸡经常加喂少量碘化物，可使受精率提高 95% ~ 99%。

另外，碘还有一个特殊的脾气——它和淀粉会形成一种复杂的蓝色化合物。可不是吗，当你用涂了碘酒的手去拿馒头时，手上立即会出现蓝斑。碘的这一脾气，在分析化学上得到了应用，著名的"碘定量法"便是利用淀粉溶液来做指示剂。

近年来，我国利用碘和钨的化合物——碘化钨，制成碘钨灯。大家知道，普通的白炽灯泡中的灯丝是用钨做的。通电时，灯丝温度越高，发光效率也越高。但是，温度高了，钨丝就更易挥发，寿命也就缩短。在碘钨灯中，在钨丝上附着一层碘化钨。通电后，当灯丝温度高于 1400℃，碘化钨就受热分解，变成碘与钨。钨留在灯丝上，而碘是极易升华的元素，便立即充满整个灯管。当钨丝上的钨受热蒸发，扩散到管壁上，若管壁温度高于 200℃，碘即与钨作用生成碘化钨。碘化钨扩散到灯丝，又受热分解，钨黏附于钨丝，而碘又升华到灯管各部分。如此循环不已，使钨丝保持原状，使用寿命很长。碘钨灯具有体积小、光色好、寿命长等优点。一支普通的碘钨灯管，比一支自来水笔还小，很轻便。通电后，射出白炽耀目的光芒，普通照明用的碘钨灯的使用寿命可达 5000 小时左右。现在，我国已普遍应用碘钨灯，作为电影摄影、舞台、工厂、建筑物、广场等照明光源。红外线碘钨灯，则用于工厂

的加热、烘干操作。另外，高色温碘钨灯则用于电子照相。

碘钨灯

有机溶剂

溶剂按化学组成分为有机溶剂和无机溶剂。有机溶剂是一类由有机物为介质的溶剂，无机溶剂就是一类由无机物为介质的溶剂。有机溶剂常温下呈液态，具有较大的挥发性。在溶解过程中，性质不发生改变。有机溶剂种类很多，如链烷烃、烯烃、醇、醛、胺、酯、醚、酮、芳香烃、氢化烃、萜烯烃、卤代烃、杂环化物、含氮化合物及含硫化合物等，多数对人体有一定毒性。

第 1 副族、第 2 副族元素

第 1 副族元素即第 IB 族，包括铜、银、金三种元素，通常称它们为铜族元素。在第 1 副族元素中自上而下，按铜、银、金的顺序，铜族元素的金属活泼性递减，原子半径增加不大，而核电荷却明显增加。铜族元素的化合价有 +1、+2、+3 三种。铜族元素的导电性和传热性在所有金属中都是最好的，银占首位，铜次之。由于铜族元素均是面心立方晶体，有较多的滑移面，因而都有很好的延展性。第 2 副族叫锌族元素，包括锌、铬、汞和 Uub 四种元素。锌族元素的熔点和沸点较低，汞的活泼性最差。

人类最早发现并利用的金属元素——铜

铜是人类发现最早的金属之一，它的发现可以追溯到公元前 4000 年—前 5000 年。在新石器时代晚期，人类最先使用的金属就是"红铜"（即"纯铜"）。红铜起初多来源于天然铜。在石器作为主要工具的时代，人们在拣取石器材料时，偶尔遇到天然铜。当人们有了长期用火，特别是制陶的丰富经验后，就为铜的冶铸准备了必要的条件。

在发掘出的公元前 5000 年的中东遗迹中，就有铜打制成的最早的铜器。公元前 4000 年左右，铜的铸造技术已普及，公元前 3000 年左右传到印度，后来传到中国。到公元前 1600 年左右的殷朝，青铜（铜、锡合金）器制造业已很发达。

闪烁着耀眼光泽的金属铜，是人们最熟悉和最早利用的金属元素之一。人类从石器时代进到青铜时代，铜有着显赫的功勋。从"黄帝采铜首山"、"禹铸九鼎"的美妙传说中，从大量的史料里，特别从那出土文物里精巧的青铜制品上，我们都可以看到曾雄踞于一个历史时期的金属铜对中国文明史的贡献。

我国古代用青铜铸造的鼎

可是，铜在地壳中的含量并不多，只有 0.007%，那么为什么它能够捷足先登，最早被利用，成为"一代天骄"的金属元老呢？这是因为在地壳中存在着纯度在 99% 以上的单体自然铜的缘故。当时人们虽然还不够了解铜的良好导电性、导热性和机械性能，可是自然铜闪闪发光，色泽美丽惹人喜爱；硬度不大，容易加工；并且具有石料所没有的延展性，可以不太费力地制造出远远优于石器的工具、兵器以及各种各样的生活用品。但是，自然铜毕竟太少，铜元素大多以化合物的形态存在于蓝铜矿、黄铜矿、赤铜矿以及孔雀石等矿石之中，人们为了得到充足的铜，便发明了炼铜技术，只要以木柴做燃料，用鼓风的方法就可以冶炼出金属铜。我国早在 4000 年前，就能够制造形态优美、花纹精细的青铜器了。

纯铜导电、导热、耐腐蚀性都很好，美中不足的是比较软。但是，如果和其他金属组成合金，它的性能可以显著提高。那坚韧易铸造的青铜是铜锡合金，黄灿灿的黄铜是铜锌合金，坚硬锋利的白铜是铜镍合金。

铜的合金和化合物颜色很迷人，如同春风吹开的百花园，使人眼花缭乱。纯铜呈紫红色，在潮湿的空气中生成绿色的铜锈，它的成分是碱式碳酸铜。铜的合金由于组成不同而颜色变化多端。加工性能及焊接性能良好、耐腐蚀的黄铜，颜色随着锌含量的不同而变化。当锌含量在 3% 以下时，呈红色；含锌量为 10% 的时候，呈漂亮的黄红色；15% 时，呈美丽的淡橙色；20% 时，呈可爱的绿黄色；30% ~ 35% 时，呈金灿灿的黄色；含锌量若为 55% 的时候，则呈淡黄色。耐磨性好，机械性能、弹性、焊接性能都优异的锡青铜，其色泽也随着锡含量的不同而变化。当锡含量为 11% 时，呈红黄色；含锡量为 15% 时，呈橙黄色；含锌量为 26% 时，呈苍白黄色。而以镍为主要添加元素的白铜，则呈现闪闪的银白色或者淡淡的灰白色。

铜的化合物也是色彩斑斓、变化多端，虽然铜盐离子大都是蓝色，但是在较浓溶液中颜色也不相同。氟化亚铜呈暗红色，氯化亚铜和溴化亚铜呈白色，氟化铜呈白色、氯化铜呈棕黄色，溴化铜呈黑色。硫酸铜无色，遇水则呈现蓝色，氢氧化亚铜呈淡黄色，而氢氧化铜则呈淡蓝色。同样是氧化亚铜，由于制造方法不同，晶粒大小不同，其颜色也多种多样。有蓝色的，有鲜红的，也有深棕色的。了解铜、铜合金及化合物的颜色，对掌握铜的知识和应用会带来很大方便。

铜元素在周期表中和金、银同属第一副族。由于化学性质比较稳定，常被用来当货币，是"货币金属"之一。铜原子最外层虽然只有一个电子，但是它的次外层的一个电子常常不费劲地偷越层界来串门，所以铜离子既有一价的，也有两价的。铜原子由于失去电子需要稍大些的能量，和第一主族元素钠、钾等相比，化学性质不太活泼。

铜是人体中必不可少的元素，在人体内大约含 0.005%。在人体内的总量虽然

黄铜烛台图

只有 100 ~ 150 毫克，但它遍布于全身的组织和器官，也是血液中一种不可缺少的重要成分。铜是生物系统中一种特殊的催化剂，有着奇特的功能。大家

知道，酶在生物体内有着举足轻重的地位，而铜元素则是 30 多种酶的活性成分，对人体的新陈代谢起着重要调节作用。有人认为，冠心病与铜缺乏有关，铜能调节心律。也有的学者认为，脱发病是和体内铜代谢有关的一种疾病。"白发病"也与体内黑色素合成中缺铜有关。不过，大家也不必担心体内缺铜，这是因为在贝壳类、动物内脏、豆类、鱼肉蛋类、粗粮、菜以及茶中，都含有足够量的铜，一般人每天摄入 2 毫克的铜就足够，食物完全可以满足人体对铜的需要。只有很少数喂牛奶的婴儿，才会因为缺铜而导致贫血和发育不良。但是，过量的铜对身体也不好，特别是一些可溶性铜盐，如一次进入人体过多，会引起中毒。

铜也是其他动物和植物必需的微量元素。奶牛缺铜，产奶量就会显著下降，生殖能力降低。母绵羊缺铜，性欲减退，流产率高达 50%，甚至胎羊死亡。羊羔如果缺铜，会引起神经系统紊乱，得"运动失调症"，严重的通常在 18 个月内便会死亡。也有的牲畜由于缺铜而食欲不振以及贫血、毛质低劣等等。在植物体内，铜也参与了关键的生理过程，植物的呼吸、光合作用以及叶绿素的合成都和铜元素有关。铜还会影响植物细胞壁的通透性以及硝基氮的还原过程。农作物缺铜会减产。如谷物缺铜会导致发育不良、叶端枯萎，花失去繁殖能力，而产量下降、质量低劣等。因此，缺铜的植物也需要补充铜。

铜是宝贵的工业材料，在电力、石油、化工、机械、国防工业、轻工业、农业部门有着广泛的应用，它的用途仅次于后来居上的钢铁以及姗姗来迟的铝。铜在金属世界里是导电神手，它的导电性能出类拔萃，虽然仅次于银，可是铜比银便宜得多，所以用于电器、电机等行业的导电金属首推为铜。目前，世界上一半以上的铜是用在电力和电讯工业上。如果说电的发现给人类带来光明时代的话，那么电的推广则全赖于铜的贡献。那联系着千家万户的输电线带去了万家灯火，那条条电话线传送着彼此心声。大的如发电机、变压器，小的

用铜做的铜线

如电视机、录音机、收音机以及旋钮、商标等都离不开铜。

铜和铜合金可以制成管、棒、线、条、带、板、箔等各种型材。它可用来制造各种耐腐蚀设备，耐磨装置，传热器件。在精密仪器、医疗器械以及航行、导弹等方面都能大显身手。古老的铜也是现代化建设中的重要材料。

铜的化合物也广泛地用于化学试剂、油漆、颜料、农药、防腐剂等方面。例如，制造玻璃搪瓷用的颜料离不开氧化亚铜，醋酸铜可作为油漆颜料和杀虫剂。毒性较小的硫酸铜是常用的催吐剂，还广泛地用于试剂、医药、颜料。在贮水池中加入一些硫酸铜，可以阻止藻类生长。

我们高兴地看到，古老的金属在现代化建设中正在焕发青春。

导电能力最强的金属元素——银

银的发现和金、铜等金属一样，差不多可以追溯到公元前 4000 年。远古时代，银就被认为是一种金属。

银常以纯银的单质形态存在于大自然中。古埃及人很早就从大自然里采集到银，制成饰物。约在公元前 3600 年，在埃及王梅内斯的书中曾提到银。他将银的价值定为金的 2/5。古巴比伦在公元前 3000 年，从矿石提炼了铁、铜、银、铅。据称人们曾找到过一块重达 13.5 吨的纯银。到了公元前 2000 年，人类对金银加工技术有了很大提高，除了镀、包、镶以外，还能把银拉成细丝来刺绣。我国古代常把银与金、铜并列，称为"唯金三品"。《禹贡》一书便记载着"唯金三品"，可见我国早在公元前 23 世纪，即距今 4000 多年前便发现了银。

银永远闪耀着月亮般的光辉，银的梵文原意，也就是"明亮"的意思。我国也常用银字来形容白而有光泽的东西，如银河、银杏、银鱼、银耳、银幕等。

银的导电本领，在金属中数第一，一些袖珍无线电中用银作导线。银也很富有延展性。

我国内蒙古一带的牧民，常用银碗盛马奶，可以长期保存而不变酸。据研究，这是由于有极少量的银以银离子的形式溶于水。银离子能杀菌，每升水中只消含有一千亿分之二克的银离子，便足以使大多数细菌死亡。古埃及人在 2000 多年前，也已知道把银片覆盖在伤口上进行杀菌。现在，人们用银丝织成银"纱布"，包扎伤口，用来医治某些皮肤创伤或难治的溃疡。

银不会与氧气直接化合，化学性质十分稳定，但会和硫化氢反应。平常，空气中也含有微量的硫化氢，因此，银器在空气中放久了，表面也会渐渐变暗、发黑。另外，空气中夹杂着微量的臭氧，它也能和银直接作用，生成黑色的氧化银。正因为这样，古代的银器到了现在，表面不像古金器那么明亮。不过，含有 30% 铅的银合金，遇硫化氢不发黑，常被用来制作假牙及装饰品。

银在稀盐酸或稀硫酸中不会被腐蚀，但是，热的浓硫酸、浓盐酸能溶解银。至于硝酸，更能溶解银。不过，银能耐碱，所以在化学实验室中，熔融氢氧化钾或氢氧化钠时，常用银坩埚。

银与金一样，也是金属中的"贵族"，被称为"贵金属"，过去只被用作货币与制作装饰品。现在，银在工业上有了三项重要的用途：电镀、制镜与摄影。

银饰品

在一些容易锈蚀的金属表面镀上一层银，可以延长使用寿命，而且美观。镀银时，以银为正极，工件为负极，不过，不能直接用硝酸银溶液作为电解液，因为这样银离子的浓度太高，电镀速度快，银沉积快，镀上去的银很松，容易成片脱落。一般在电解液中加入氰化物，由于氰离子能与银离子形成络合物，降低了溶液中银离子的浓度，降低了负极银的沉积速度，提高了电镀质量。随着银的析出，电解液中银离子浓度下降，这时银氰络离子不断解离，源源不断地把银离子输送到溶液中，使溶液中的银离子始终保持一定的浓度。不过，氰化物有剧毒，是个很大缺点。

我们常用的玻璃镜银光闪闪，因为那背面也均匀地镀着一层银。不过，这银可不是用电镀法镀上去的，而是用"银镜反应"镀上去的：把硝酸银的氨溶液与葡萄糖溶液倒在一起，葡萄糖是一种还原剂（现在制镜厂也有用甲醛、氯化亚铁作还原剂），它能把硝酸银中的银还原成金属银，沉淀在玻璃上，于是便制成了镜子。热水瓶胆也银光闪闪，同样是镀了银。

银在制造摄影用感光材料方面，具有特别重要的意义。因为照相纸、胶卷上涂着的感光剂，都是银的化合物——氯化银或溴化银。这些银化合物对光很敏感，一受光照，它们马上分解了。光线强的地方分解得多，光线弱的地方分解得少。不过，这时的"相"还只是隐约可见，必须经过显影，才使它明朗化并稳定下来。显影后，再经过定影，去掉底片上未感光的多余的氯化银或溴化银。底片上的相，与实景相反，叫做负片——光线强的地方，氯化银或溴化银分解得多，黑色深（底片上黑色的东西就是极细的金属银），而光线弱的地方反而显得白一些。在印照片时，相片的黑白与负片相反，于是便与实景的色调一致了。现代摄影技术已能在微弱的火柴的光下、在几十分之一到几百分之一秒中拍出非常清晰的照片。如今，全世界每年用于电影与摄影事业的银已达 150 吨。

古时候人们已经发现，用银做的器皿放食物可以保存较长时间不变质。这个秘密在科学技术发达的今天，已逐步被揭穿。原来银子也会"溶解"于水。当食物放到银制器皿中以后，食物中的水会使极微量的银变成银离子，经实验，银离子的杀菌能力极强，每升水中只要有一千亿分之二克的银离子，就足以起到消毒作用了。银离子的杀菌功能，还可以用在消毒和外科救护方面。现代医学中，医生常用 10% 的硝酸银溶液滴入新生儿的眼睛里，以防幼儿眼病。中医针灸用的针就是用银做的。

银，这个古老的金属，正在焕发青春，将为人类做出更多的新贡献。

知识点

电解液

电解液是具有离子导电性的溶液。电解液是化学电池、电解电容等使用的介质，为它们的正常工作提供离子，并保证工作中发生的化学反应是可逆的。有些电解液有一定的腐蚀性。使用电解液做阴极有一定好处。首先在于液体与介质的接触面积较大，这样对提升电容量有帮助。其次是使用电解液制造的电解电容，能耐高温，同时耐压性也比较强。

金属的代表元素——金

由于金（Au）化学性质的稳定性，使它在自然界中能以游离态存在。它是人类最早发现的金属之一，其发现年代可追溯到公元前3000—前4000年前。在古埃及和我国商代，人们就已会采集提取金并制成饰物了。在公元前2000年，埃及人已会镀金、包金、镶金，将金拉成细丝来刺绣。在我国商代遗址中，出土有金箔、金叶片。在殷墟中出土有厚度为0.01毫米的金箔。西汉刘胜墓中出土的著名的金缕玉衣，其金丝直径为0.14毫米。这些都说明当时加工金的工艺水平已经很高了。1964年，我国考古工作者在陕西省临潼县秦代栋阳宫遗址里发现八块战国时代的金饼，含金在99%以上，距今也已有2100多年的历史了。

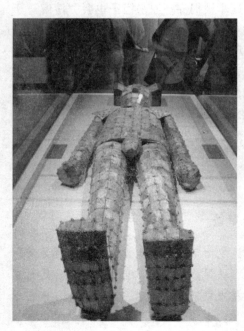

我国出土的汉代金缕玉衣

金能奇妙地反射光线而闪闪发亮，因此具有"lustre"（光泽），该词源自拉丁词"lucere"，意为"闪耀"。在古代，欧洲的炼金家们用太阳来表示金，因为它像太阳一样，闪耀着金色的光辉。

金能被锤打成各种形状或极薄的箔，因此它是"malleable"（展性的），该词源自拉丁词"malleus"，意为"锤打"。

金可以拉成极细的丝，因此金是"ductile"（延性的），它源自拉丁词"ducere"，意为"带领"。

金箔或金丝可以弯曲成任意形状而不折断，因此金是"flexible"（挠性的），它源自拉丁词"flectere"，意为"弯曲"。

金元素的名称源自英文"Geolo",意为"黄色",其元素符号"Au"由拉丁文 Aurum（灿烂）一词而来。欧洲中世纪炼金术士曾用"⊙"符号表示金,对应太阳。

元素金是金属的代表,位列"五金"——金、银、铜、铁、锡之首。化学家把物质分为两大类:金属和非金属。那些具有光泽,能够延展成丝和箔,容易导电、传热的物质,一般被划归金属类。金是典型的金属。

金是人类最早发现的金属之一。它在自然界中主要以单质状态存在。天然的金沙、金块,黄灿灿,闪耀着光辉,引人注目,招人喜欢。再加上黄金可贵的化学和热稳定性,在常温、加热时不变色,不变质,烧不化,总是金光闪闪,人们就更加珍爱它了。

"烈火见真金"、"金子般的心"、"一寸光阴一寸金"、"是金子总会发光的"……在这些话语里,金子象征着高贵、光辉、坚贞和纯洁。

金的抗氧化、拒腐蚀的本领高强,对氧、硫、碱或单独的硫酸、盐酸、硝酸都不发生化学反应。从古墓葬中发掘出来的金器皿、金首饰和金币,依然金光闪闪,黄金还作为货币中的"硬通货"储存在各国国库的保险柜里。

1977 年,美国"航行者"宇宙飞船为了寻找地球外的智慧生物,携带着一张喷金的铜唱片。唱片录有包括汉语"你好"在内的 60 种语言的问候语和中国古典《流水》等 27 首世界名曲。这张金唱片将在几十亿年的漫长岁月里,经受太空环境的严峻考验,保持它嘹亮如新的音色,被认为是世界上最长寿的一张唱片。

金制指南针图

但是,体积比 3:1 的盐酸、硝酸混合而成的王水能溶解金,熔融的烧碱也能腐蚀金。

金是延展性最好的金属。一克绿豆粒大小的纯金可以拉成 1.4 千米长的金丝,展成 0.6 平方米金箔。这根金丝只及蜘蛛丝的 1/5 粗细,而那透明的金箔 20 层叠加也比不上蝉翼厚。

在金属中，金的导电性也名列前茅，仅次于银和铜。加上前述的化学性质十分稳定和易于加工的优点，金被尖端科学技术部门看中，开始走出王宫贵宅，除了制造首饰和金币外，越来越多地为工业、国防和科学技术服务。

在高级的电子仪器和电子计算机里，细如蛛丝的金丝充当集成电路的导线，薄如蝉翼的金箔做印刷电路的底板。在自动控制的电器开关上，为了防止电路频繁通断时发生电火花对触点材料的损伤，保证自控体系正常工作，这些开关的电接触点都镀有 0.05 毫米厚的纯金。它经得住电火花打击，延长开关使用寿命五六倍，增加了工作的可靠性。金的表面自润滑性好，宇航仪表里的滑动和滚动元件上也镀金。金不干扰磁性，纯金箔在电视录像、录音机的磁头的缝隙中充当隔垫材料。

金箔对于红外线的反射率高达 98.3%。金块是深黄色的，可是展成箔以后，透过的光随箔的厚薄程度不同而呈现绿色、蓝绿色、红色或紫色。金的这一特性在红外线探测仪和反导弹技术上都有应用。在高级旅馆的窗玻璃上也贴有金箔，能节约空调的耗电量。在熔融的玻璃里掺金粉，制造出名贵的金红玻璃。

镶着金箔的天花板

不过，纯金太软，容易磨损，于是人们就在金中掺进少量铜、镍，用来铸造金币、打制首饰。金和铜、银的合金做的金笔尖，耐墨水的酸性腐蚀，强韧而有弹性。金镍铁锆合金耐磨抗蚀，是航空仪表中电位器的理想绕阻材料。金镍合金强度高，耐高温、耐腐蚀，用来焊接航空发动机的叶片。金的合金也是常用的补牙、镶牙材料。金的化合物药剂可用来治疗风湿性关节炎。

在合金中表示金的成色常用 K，以纯金为 24K。金笔尖一般标有 14K 的字样，表示含纯金 58%，也有标明 50% 的，相当于 12K。我国发行的纪念金币为 22K，即 91.67%。即使以电解法精制的纯金也只有四个九（99.99%）的纯度，这就是俗话说的"金无足赤，人无完人"。

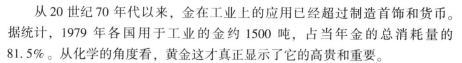

　　从 20 世纪 70 年代以来，金在工业上的应用已经超过制造首饰和货币。据统计，1979 年各国用于工业的金约 1500 吨，占当年金的总消耗量的 81.5%。从化学的角度看，黄金这才真正显示了它的高贵和重要。

　　黄金的贵重还因为它的稀少、难开采。金在地壳中的含量只有十亿分之五。开采金矿时，往往为了得到 5 克金，平均要挖掘 1000 吨岩石。虽然自然界里有一些大金块，但是发现者寥寥，载入史册的世界上最大的天然金块是 1872 年在澳大利亚发现的"霍勒坦玛"金块，重 214.3 千克。

　　"千淘万漉虽辛苦，吹尽狂沙始到金"，这是古人形容沙里淘金的艰辛。成吨成吨的沙在溜槽上被水冲刷，金沙比重大，顺着溜槽底面的缝隙流进金槽，再用淘金簸子筛选，多次分离，才能得到一小撮金沙。

　　现代早已采用先进的化学提取法采金了，即用稀氰化钠溶液溶解矿砂中的金，再以锌还原出溶液中的金来。也有以水银来溶解的，得到的金汞经过蒸馏除汞，便是金。

　　经过计算，人们发现海水里大致蕴藏有 600 万吨金。这笔巨大的财富吸引人们探索海洋炼金。著名的工业合成氨法发明家、德国化学家哈珀，曾经打算从海水里提炼黄金来帮助政府偿还第一次世界大战战争赔款，可没有成功。至今这项课题仍然是十分困难的，但是富有魅力。

　　古代炼金术士曾幻想点石成金，这当然不可能实现。1980 年美国科学家们曾用氖和碳原子核高速轰击铋金属靶，得到了针尖大那么微量的金。这对现代的炼金术有重大的理论意义，只是代价高昂，不可能用来生产黄金。天文学家发现在遥远的巨蟹 K 星有 1000 亿吨黄金，但遗憾的是，这是一颗"可望而不可即"的黄金星。

　　由于黄金非常稀贵，人们便想方设法节约黄金。近年来涌现的氮化钛、氮化锆表面技术，制造出来的镀金手表、镀金首饰，金光耀眼、经久耐磨，足可以假乱真。

　　金，这古老的贵族金属，在现代科学中依然是人们器重的元素。关于金的科学研究，仍然在不断地深入开展着。

知识点

延展性

延展性是物质的物理属性之一，是指物质可锤炼可压延的程度。物体在外力作用下能延伸成细丝而不断裂的性质叫延性；在外力（锤击或滚轧）作用能碾成薄片而不破裂的性质叫展性。金属的延展性良好，其中金、铂、铜、银、钨、铝都富于延展性。石英、玻璃等非金属材料在高温时也有一定的延展性。

拥有"牺牲精神"的元素——锌

黄铜即铜锌合金，在公元前4000年大概就已经出现了。在特兰西瓦尼亚史前废墟中发现的一种合金含锌量高达87%。据考证，我国在汉初（公元前1世纪）就已经知道炼制黄铜。我国古代称黄铜为"鍮石"，在唐朝一些文献中，则记载着用"炉甘石"（碳酸锌，也有人认为是氧化锌）炼制黄铜。明朝宋应星著《天工开物》一书，详细记载了炼制方法："每红铜六斤，入倭铅四斤，先后入罐熔化，冷定取出，即成黄铜。"这里所说的"红铜"即"铜"，"倭铅"即锌。

金属锌究竟始自何时、由何人首先制备，尚不清楚。但在13世纪甚至可能更早以前，印度炼金术士就用羊毛一类的有机物还原异极矿（亦称菱锌矿或杂硅锌矿）的方法生产锌。在我国，据考证，最迟在明朝就已经开始炼制锌了。1637年，明《天工开物》详细记载了如何用"炉甘石"升炼"倭铅"（即锌），即用碳酸锌炼制金属锌。书中写道："凡倭铅，古本无之，乃近世所立名色。其质用炉甘石熬炼而成。繁产山西太行山一带，而荆、衡为次之"。"每炉甘石十斤，装载入一泥罐内，封果（裹）泥固，以渐砑干，勿使见火拆裂。然后，逐层用煤炭饼垫盛，其底铺薪，发火煅红，罐中炉甘石熔化成团。冷定，毁罐取出。每十耗去其二，即倭铅也。此物无铜收伏，入火即成烟飞去。以其似铅而性猛，故名之曰'倭'云。"

瑞士人帕拉赛尔苏斯是把锌作为单独的金属元素来认识的第一个欧洲人，

他于 1538 年在其著作中将菱锌矿称为 "Zinek" 或 "Zinken"，而把锌称为 "Zinckum"。1668 年，德国化学家施塔尔把氧化锌与脂肪在砂盆上加热 6 ~ 7 天，将混合物进行蒸馏，得到少量灰色物质，再将这灰色物质混入水银中进行蒸馏，则得到金属锌。欧洲到 18 世纪才开始炼锌。英国的钱皮恩在 1743 年用焦炭还原碳酸锌的方法生产锌。西方也承认，"中国生产金属锌早于欧洲近四百年"。

必须指出，西方国家文献（德国文献）中记载的 "首先发现锌元素" 的德国人马格拉夫迟至 1746 年才发现锌元素，因此锌元素首先发现者应为中国的化学家（或炼丹家），时间为 15 世纪。

锌的命名拉丁文原指白色或白色沉淀物，也有一种说法认为源于德文 "Zinek"，"Zinken"，意指 "铅" 或 "菱锌矿"。

我们常说的 "铅丝"，其实是镀锌的铁丝。自行车的辐条、五金零件和仪表螺丝等，也是镀锌的制品。它们表面这薄薄的一层镀锌外皮，抵挡住潮气的侵袭，保护内部的钢铁不受腐蚀。

原来，锌是相当活泼的金属。新制的锌粉遇水发生化学反应，激烈的程度甚至引起发热、自燃。可是，锌在空气中和氧化合，表面形成一层致密的氧化锌薄膜，保护内部不再生锈，这情形和铝很相像。

在金属活动性顺序表里，钾、钙、钠、镁、铝、锌、铁、锡、铅、氢、铜、汞、银、铂、金，金属活动性依次由强逐渐减弱。锌比铁活泼。因此，镀锌的铁皮如果破损，在水溶液里，比较活泼的锌容易失去电子被氧化，变成锌离子，发生锈蚀，从而保护了铁不受腐蚀。

我们在生活中都有这样的经验：房顶上的白铁皮瓦楞板，或白铁皮烟筒，只有在它们的镀锌面完全腐蚀掉以后，铁皮才开始锈烂、穿孔。马口铁罐头盒锈蚀的情形刚好相反，只要镀锡的表面产生破口，里面的铁皮就迅速腐蚀。锡不及铁活泼，只好眼睁睁地看着铁被腐蚀，自己却爱莫能助。这就是焊锡补的脸盆反而烂得快的原因。两种金属共存而引起的腐蚀，叫做电化学腐蚀。

正是发挥 "牺牲自己、保护他人" 的长处，人们在水闸、水下钢柱、船舰的尾部、船锚和锅炉内壁，将锌块镶嵌在钢铁表面，充当防锈的卫士，锌块不断地锈蚀而消瘦，以至要用新的锌块替换上去，却保护了它相邻的钢铁安居乐业，这是多么可贵的自我牺牲品格！

锌常常被人误认为铅。镀锌的白铁皮、铁丝、铁管，至今还有不少人叫

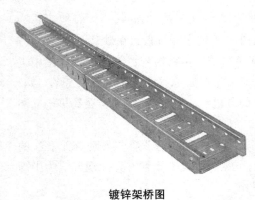

镀锌架桥图

它们"铅皮"、"铅丝"、"铅管"。这种误称自古相传。

锌的熔点不高，在419℃化为锌水，907℃时沸腾，挥发性较高。因此，在古代，纯锌的提炼和应用晚于金、银、铜、铁、锡。锌在地壳中的含量却只少于铁，比"五金"中的其他四金都多。西方直到1746年，才由德国化学家马格拉夫第一次用碳还原法得到金属锌，事后发现它和当时进口的原产中国广东的锌一模一样。

和金属锌比起来，锌和铜的合金却有更悠久的历史。我国早在1700多年前的东汉末期，就已经冶炼锌钢合金了。把赤铜和炉甘石、木炭一起烧炼，还原出来的金属锌立即和铜形成金灿灿的黄铜。这种锌钢合金的外观很像黄金，人们用它冒充黄金做装饰品，后来作为货币未流通。

锌在现代除了用来制造镀锌钢板、白铁皮和黄铜外，还大量用于生产干电池。我们平常用的锌锰电池，外壳是锌皮做的，作为电池的负极，使用时不断腐蚀，变成锌的阳离子，同时向电路输送电子。电子流到炭棒正极，将炭棒周围的二氧化锰还原成三氧化二锰。电子手表里的纽扣电池，是锌汞电池，它的容量比普通的干电池大得多。更先进的银锌电池，外形小巧，供电量大，广泛用于宇航、国防、小型电子计算器和高级仪表上。在这里，锌都是电池的负极材料。

锌的化合物中，氧化锌（锌白）是著名的白色颜料。在白油漆中它的洁白度和遮盖力赛过硫酸钡、硫酸铅，而且白色经久不变。它也是白色橡胶、白色塑料的填充料。氧化锌在温度升高时，由白、浅黄逐渐变为柠檬黄。利用这一特性，把它掺入油漆，做成变色油漆，涂刷在电机、仪表外壳。如果电器发热，变色油漆会随着变色，警告人们：电器应该散热，否则要烧毁！氧化锌还有杀菌效用，医用胶布、软膏里少不了它。

硫化锌晶体在射线照射下，发出绿色荧光，是夜光表、荧光灯里重要的荧光物质。硫酸锌还是常用的医用催吐剂。

在元素周期表中，锌、镉、汞同属第二副族。锌和镉性质相近，而和汞有较大差异。锌和它的近邻铜、铝性质相似。锌和铝都是两性金属，它们的氢氧化物既溶解于酸，又溶于碱，成为锌酸盐、铝酸盐。锌和铜都能和氨形成配位离子。

锌是人体必需的微量金属元素之一，重要性仅略逊于铁，人体含有 33/1000000 的锌。一个体重 60 千克的成人，全身总共只有不到 2 克的锌，

银锌电池

还不够做一枚小号干电池的壳皮。不过，这微不足道的锌却是人体多种蛋白质的核心组成部分。已经查明有 25 种蛋白质里含锌，其中多半是酶，如碳酸酶、酸肽酶、脱氢酶等。它们在生命活动过程中起着转运物质和交换能量的"生命齿轮"作用。

锌是人体内微量元素含量较多的一种，锌广泛分布在我们血液的红细胞、胃黏膜、胃皮层里，其中牙齿含锌 0.02%。精液中含 0.2% 的锌，眼球里含锌量竟高达 4%。每个成人锌日需要量和铁一样为 13 毫克。

锌还是制造精液需大量消耗的元素。鱼类产卵期间，体内的锌大部分转移到鱼卵里。所以，生殖、发育缺锌不行。长期缺锌，酿成性功能衰退以至不育。因此，国外有人把锌称之为"夫妻和谐素"。

但是，人们不必担心缺锌。锌普遍存在于食物中，只要不偏食，饮食里的锌供应量是足够的。青菜、豆荚、黄豆等黄绿色蔬菜里含锌较多。瘦肉、鱼类也含有不少的锌。即使我们的主食——米、面里含锌量也足够人的日常所需了。据分析，每千克糙米含锌 172 毫克，全麦面含 22.8 毫克，白萝卜 33.1 毫克，黄豆 35.6 毫克，大白菜 42.2 毫克，牡蛎 1200 毫克。

只有"食不厌精"的人，非精白面不入口，非绵白糖不吃，米要吃精白米，油要吃纯黄油的人，才有可能严重缺锌，而一般饮食每天供十多毫克的锌是完全没有问题的。值得注意的是，老人、孕妇由于进食不足、支出剧增，有可能患缺锌症。对于小孩不要太娇宠了，如一点粗粮、蔬菜也不吃，很可能由于缺锌而导致发育缓慢，严重的造成缺锌侏儒症。

如果因为缺锌而引起食欲减退或性功能衰弱，建议常吃一点牡蛎、海蟹之类，可见功效。多吃蔬菜也有补益。

当然，过多摄入锌会中毒。如果在白铁皮做的容器里盛食醋或果汁等酸性饮料，锌溶解进食物里，喝后会引起呕吐、腹痛、腹泻等锌中毒症状。在冶炼和加工锌的场所，要防止吸入氧化锌微尘，以免发生"金属烟雾症"——患者嘴里感觉甜味、发烧、咳嗽、呕吐……

合 金

合金是由两种或两种以上的金属与非金属经一定方法所合成的具有金属特性的物质。一般通过熔合成均匀液体和凝固而得。根据组成元素的数目，可分为二元合金、三元合金和多元合金。我国是世界上最早研究和生产合金的国家之一，在距今3000多年前商朝青铜（铜锡合金）工艺就已经非常发达。根据结构的不同，合金主要分为：（1）混合物合金：当液态合金凝固时，构成合金的各组分分别结晶而成的合金。（2）固熔本合金：当液态合金凝固时形成固溶体的合金。（3）金属互化物合金：各组分相互形成化合物的合金，如铜、锌组成的黄铜就属于金属互化物合金。

▌▌▌最硬的金属元素——铬

1797年，法国分析化学家沃奎林在分析俄国出产的"西伯利亚红铅矿"（即铬酸铅矿石）时，首先分离出来一种像银似的金属，从而发现了铬。当时，他为了解决同俄国矿物学家宾特海姆在分析同一种矿石时所得出的不同结论，重新分析了该矿石标本。分析时，他用这种矿物粉末和碳酸钾（K_2CO_3）溶液同煮，结果除获得碳酸铅（$PbCO_3$）以外，还生成一种黄色的溶液，其中含有一种性质不明的酸类的钾盐。当往这种黄色溶液加入高汞盐的溶液时，就有一种美丽的红色沉淀物发生；如加入铅盐溶液，即有黄色的沉淀物出现。后来，沃奎林又把这种新酸分出，加入氯化锡（$SnCl_2$），则此溶液又复为绿色（即铬酸还原为三价铬盐）。第二年，沃奎林果然从这种矿石中分出一种金属。他的实验方法是：将盐酸加入矿石粉末中，把铝沉淀为氯化铝，然后过滤，蒸干后就得到新金属的氧化物 Cr_2O_3，再加入木炭粉，放入碳制坩埚中加高温，冷却后得到一种灰色针状的金属。

因为这种新金属能够形成红、黄、绿等多种颜色的化合物，根据这种特性，法国化学家孚克劳和霍伊把它取名为"铬"（Chromium）。该词源自希腊词 Chroma，意为"颜色"，因此 Chromium 的本意是"颜色的元素"。汉语译为"铬"。

秦始皇兵马俑为全世界所瞩目，沉睡在兵马俑坑内的大量兵器，至今仍然灿灿有光。它们在地下沉睡了数千年，还安然无恙，怎不叫世人称绝！然而它却使考古学家伤透了脑筋，百思不得其解，最后还是化学家解开了其中之谜。原来它们的表面有一层薄薄的氧化膜，其中含铬 2%。正是这层含铬氧化膜，使得这些千年兵器寒光犹存。

金属铬一般呈银白色，密度为 7.69 克/厘米，溶点为 1857℃。铬在所有的金属中是最硬的，而且能有效地抵抗大气和酸性物质的腐蚀。铬的最主要用途是制成合金应用，其中最主要的是铬钢。铬钢是铬含量一般为 1% 的合金钢，非常坚韧，是制造机械、枪炮筒、坦克和装甲车的好材料。各种不锈钢也是产量大的含铬

秦始皇兵马俑里的兵器

合金。铬的另一主要用途是用于钢铁、塑料等制件表面镀层，既光亮美观，又耐腐蚀并且不易磨损。一些炮筒、枪管的内壁，所镀铬层仅有 5/1000 毫米厚，但是发射了千百发炮弹、子弹后，铬层依然存在。

铬也是人体必需的微量元素。科学家通过实验指出，如果没有铬，人体里的胰岛素就不能充分发挥作用，造成生长发育不良。铬的缺少，又会影响视力，造成近视。通过对青少年近视病例的调查分析表明，日常饮食中缺少铬，会使眼睛的晶状体变得凸出，屈光度增加，因而造成近视。如果饮食正

含有丰富的铬元素的糙米

常，一般是不会缺铬的。可是偏食，总吃精细食品，就可能造成缺铬。因为越精制的食品，含铬量越低，相反，粗制品的含铬量就比较高，如粗糖的铬含量比精糖的铬含量高100~200倍。人体每天需要从食物中得到20~500微克的铬，只要饮食正常，可以满足人体对铬的需求。假如你感到缺铬，或者开始近视，那么，不妨经常吃含铬量较多的食物，如糙米、全麦片、小米、玉米、粗制红糖等。

惟一的常温液态金属——汞

在公元前，古人就知道汞，因为它天然存在。公元前350年，希腊著名哲学家亚里士多德就曾在自己的著作中描述过汞。

人类很早就知道辰砂（即硫化汞），并掌握了用辰砂提取汞的技术。公元前1500年前的埃及人就知道用辰砂作红色颜料。公元前1000年左右的我国殷墟遗迹中就出土过涂有红色辰砂的武器。公元前700年，古希腊人曾开采硫化汞矿以炼取汞。在我国古代也早有炼丹记载。公元前2世纪（西汉）李少君"以祠灶（炼丹灶）、谷道（不食谷物）、却老方见上（汉武帝）。祠灶则致物，而丹砂可化为黄金，黄金成以为饮器则益寿"。公元2世纪，东汉时，魏伯阳著的《周易参同契》也描述了汞具有挥发性，并能与硫化合，这些都说明我国古代学者对汞早有认识和研究。

汞（水银）的命名有几种：

1. 根据其存在形态，炼金术家把金属和太阳及当时已知的行星作对比，认为这些天体对地上各对应的金属有影响。因此把水银看作水星（Mercury）和罗神的结合。水银是液体，可以流动，如水似银，而水星也是天空中速度最快的一颗行星。相传古罗马神话中墨丘利神乃诸神使者，疾驰如飞。所以

"汞"的取名源自水星"Mercury"一词。

2. 汞还有一个英文名字"quicksilver",德语中称为"Quecksilber",拉丁语中为"argentumvivum"。其中"quick"今义为"快的",而古义则是"活的"。因此 quicksilver 的本意就是"活的银"。所有这些命名都是形容它"生气勃勃"的意思。

至于汞的元素符号则用"Hg"表示,这是因为古希腊人把这种金属称为"hydrargyros"。该词由 hydor(水)和 argyros(银)合并而成。"Hg"正是 hydrargyros 的缩写。

人们常见的金属矿物,都是固体的,唯一例外的是汞在常温下呈液体状态。它要在 −39℃ 时才会变成固态。汞又叫"水银",因为它流动似水,色泽如银而得名。

汞在地壳中的含量为 0.0009%。含汞的矿物有 20 多种。自然界存在天然水银(自然汞),不过,主要开采对象是辰砂。饶有趣味的是水银和辰砂之间可以互相转变。史籍记载,我国早在春秋战国时期已能大量生产水银。

辰砂也叫朱砂、丹砂,是一种硫化汞的结晶。猩红色,金刚光泽。比手指甲略硬,小刀能轻易刻动。比同体积的水重 8 倍。以前,以湖南辰州(今沅陵)所产者最佳,所以取名为辰砂。贵州省东部的万山汞矿,是我国的"汞都"。

西方中世纪的炼金术士和中国古代的炼丹家,为什么对辰砂那么感兴趣呢?因为用火把辰砂煅烧之后,其中所含的硫会生成二氧化硫气体跑掉,剩下的便是水银。假如再把水银掺和硫黄共同加热,则会得到黑色的硫化汞粉末。经过隔火煅烧,在器皿内壁上方又会凝结出红色辰砂。他们把辰砂叫"丹",并且当成长不

辰　砂

老药。在我国历史上,唐太宗李世民等五个皇帝妄想长生不老,因服用大量的含汞"仙丹"而丧命。

汞在冶金、仪表、化工、医学、防腐等方面的用途很广。汞的化合物

荷兰物理学家海克·卡默林·翁尼斯

（甘汞、升汞、红药水）外搽可杀灭细菌和医治皮肤病；但如果进入人体中积累过多就有毒性，会破坏神经中枢。1953年，震惊世界的日本水俣病，就是工厂排放物含甲基汞，为鱼虾吸收，人畜吃了鱼和贝类而中毒的。

1911年，荷兰物理学家海克·卡默林·翁尼斯把水银冷却到4K（－269℃）时，首次观察到超导现象（失去电阻）。

日光灯里有一两滴水银，当水银蒸气受电子流冲击，发出紫外线，照射到涂有白色荧光物质硫化锌的灯管内壁上时，便发出明亮的荧光。汞能溶解黄金和白银，可以用来提炼贵金属。

全世界目前已探明汞的储量为15.5万吨，其中西班牙储量近1/3，那里还发现一个体积0.5立方米的"水银坑"，内有近2吨天然水银。

我国的汞矿主要产于云南、贵州、湖南、广西和陕西。贵州一省探明储量和年产量均占全国总量的80%左右。近年，四川、湖南又新发现了几个大型汞矿床。

知识点

汞的基本性质

汞的基本性质：汞是银白色液体金属，在各种金属中，汞的熔点是最低的，只有－38.87℃，沸点为356.6℃，密度为13.59克/厘米^3。汞在空气中稳定，蒸气有剧毒，溶于硝酸和热浓硫酸，但与稀硫酸、盐酸、碱都不起作用。汞化合价为＋1和＋2。汞具有强烈的亲硫性和亲铜性，即在常态下，很容易与硫和铜的单质化合并生成稳定化合物。

其他重金属元素

QITA ZHONGJINSHU YUANSU

重金属原意是指比重大于5的金属，约有45种，如铜、铅、锌、铁、钴、镍、锰、镉、汞、钨、钼、金、银等。尽管锰、铜、锌等重金属是生命活动所需要的微量元素，但是大部分重金属如汞、铅、镉等并非生命活动所必需，而且所有重金属超过一定浓度都对人体有毒。有许多重金属是近些年发现或合成的，其中有些重金属元素在尖端行业领域有着重大的应用，比如，锆元素是原子能工业的必需品，对原子能工业的发展起着至关重要的作用；钍在"原子锅炉"中可以转变为铀，而铀可以作为核燃料，用在"原子锅炉"中。

▌▌▌难以分离的稀土元素

对于"稀土元素"，有些人可能对它感到陌生。其实在日常生活中，人们会经常遇到它。

当您走进商店时，往往会被五彩缤纷的玻璃器皿所吸引。这些彩色玻璃里，就添加有稀土元素。例如，镨元素使玻璃呈绿色，钕元素给玻璃着上美丽的玫瑰红色。

彩色电视机的荧光屏上涂有稀土元素的化合物，在电子流扫描下，发出鲜艳的三色光，铕、钇的氧化物发出红色荧光。再如，打火机里的火石是镧、铈等元素制成的合金。这镨、钕、铕、钇、镧、铈等，就是几种稀土元素。

我们知道，元素周期表的一个小方格代表一种元素。但是在第六周期第三副族的 57 号位置上，却写着镧系 57～71 号字样，表明在这一格中有 15 个元素，一个格子容不下，所以在周期表的下方单独列出一行。这就是镧、铈、镨、钕、钷、钐、铕、钆、铽、镝、钬、铒、铥、镱、镥，叫镧系元素。再加上镧元素格子上方的钪和钇，共 17 种，统称为稀土元素。

"稀土"的名称是 18 世纪遗留下来的。由于当时这类矿物相当稀少，提取它们又困难，它们的氧化物又和组成土壤的金属氧化物很相似，因此得名。其实，稀土元素既不"稀少"，也不像"土"，它们在地壳中的含量，甚至比常见的普通元素铅、锡还要多。这些元素全部是金属，人们有时也叫它们稀土金属。

稀土瓷砂滤料图

从 1751 年发现稀土矿物，直到 20 世纪 40 年代，人们从铀裂变产物中找到元素钷，前后经历 200 多年的时间，才提取齐全稀土元素家族的 17 个成员。

分离、提纯稀土元素之所以这样困难，是因为它们的性质十分相似，好像亲兄弟一样难以区分。不过，它们之间还是有一些微小的差异。化学家因此采用萃取（即利用稀土元素在有机溶剂和水中的不同溶解度进行富集、分离）、离子交换（即利用稀土元素与离子交换树脂的不同交换性能）等方法把它们一一分离开来。

稀土元素具有哪些性质呢？稀土元素与其他元素化合时，容易失去三个电子，常常表现为稳定的 +3 价态，偶尔也有 +2 或 +4 价。

这里值得提出的一点是，镧系元素随着原子序数增大，相应的原子半径却逐渐缩小。这个现象在化学上称为"镧系收缩"。"镧系收缩"不仅使它们性质相似，难以分离，而且也使镧系后面的各过渡元素的原子半径，比同族上一周期元素的原子半径增加很小，如锆和铪、铌和钽的原子半径非常相近，使得这些元素的性质也极为相似。

稀土金属的化学性质相当活泼，它们的活泼性和镁差不多。它们新切开的表面大多是银白色的，在空气中迅速氧化而变暗。所以，通常人们把它们保存在煤油中。它们在常温下与水慢慢作用而放出氢气。当然，它们与酸也很容易起反应。与卤族元素剧烈反应，生成相应的卤化物。

分离稀土元素是一件相当困难、复杂的工作。以往为了得到一个纯稀土单质，要进行数百次的结晶、分离操作。现在可利用离子交换法得到单一的纯稀土元素，但仍然相当麻烦。采用其他方法如电解，也可以得到比较纯的稀土金属。

我国有极其丰富的稀土矿，内蒙古包头的白云鄂博矿是世界上最大的稀土矿。我国稀土矿的总储量，比世界上其他国家的总储量还要多5倍。

稀土元素在国民经济中的地位十分重要，有着广泛的应用。

为了改善铸铁的机械性能，人们常常在铸铁中，加入适量的铈，这样就可以使石墨由片状变成球状，从而使铸铁的强度提高1倍以上。球墨铸铁可以用在采掘、钻探、轧钢、化工设备中。在镁铝合金

世界上最大的稀土矿——白云鄂博矿

中添加一些稀土元素，可增强金属的可塑性、锻压性，用来制造飞机、喷气发动机、导弹、火箭中的部件。

镧能吸收气体，用镧做电子管中的消气剂，可以改善电子管的性能，大大延长电子管的寿命。镧系或含镧的混合稀土氯化物是很好的催化剂，它们可以使石油裂化的汽油产率提高50%以上。

制造精密光学器件、高级照相机镜头，都要进行抛光。过去多用三氧化二铁抛光，现在却被铈的氧化物代替了。因为铈的氧化物具有洁净、磨得快、抛光效率高等优点。过去抛光一个镜片需要几小时，改用铈的氧化物抛光，只要几分钟。

含镧的玻璃折射率高，光学性能好，是制作特种镜头的好材料。

值得注意的是，掺钕的钇铝石榴石可以使平行光汇聚成强大的光束，是

激光器的关键材料。军事上出现的激光枪、激光炮以及反坦克装置中都要用到它。在医学上，也可以用这种激光器进行焊接剥落的视网膜，切除肿瘤，人们叫它为不流血的"光刀"。

稀土元素和金属钴的化合物，在磁学上有非常优越的性能，而元素钐和钴的合金的铁磁性能比通常的铁素体高出 2080 倍左右。

目前有许多科技工作者，在研制贮存氢的材料。把用太阳能电解水得到的氢气，贮存在一种金属合金中，一旦需要时，就会把氢气放出来。因为氢气燃烧，不会造成污染，而且它的燃烧热又比汽油大，所以将来可以用氢气来做动力。许多贮氢材料都用到稀土元素，如用镧制成的镧镍五（LaNi）。

在农业方面，稀土元素可作为高效的微量元素肥料。在土壤中施加稀土元素的硝酸盐，可以促进豌豆、果树的生长发育，提高农作物的产量。最近，我国已成功地试验了为西瓜施用微量稀土元素肥料，提高了西瓜产量，西瓜也变得更甜。

稀土元素的应用日益广泛，涉及许多科技领域，越来越被人们所重视。我国的稀土资源极其丰富。对于它的研究和应用，必将取得更大的成绩，走在世界各国的前列。

萃 取

萃取，又称溶剂萃取或液液萃取，是一种用液态的萃取剂处理与之不互溶的双组分或多组分溶液，实现组分分离的传质分离过程。萃取有两种方式：（1）液－液萃取：用选定的溶剂分离液体混合物中某种组分，溶剂必须与被萃取的混合物液体不相溶，具有选择性的溶解能力，而且必须有好的热稳定性和化学稳定性，并有小的毒性和腐蚀性。（2）固－液萃取：也叫浸取，是指用溶剂分离固体混合物中的组分。

最重要、最廉价、最丰富的铁元素

人类最早发现和使用的铁，是天空中落下的陨石（铁 Fe、镍 Ni、钴 Co 等金属的混合物）。在埃及、西南亚等一些文明古国发现的最早的铁器，都是由陨铁加工而成的。在埃及的第四王朝（纪元前 2900 年）的齐奥普斯大金字塔中发现有不含镍的铁器。在我国也曾发现约公元前 1400 年商代的铁刃青铜钺。该铁刃就是将陨铁经加热锻打后，和钺体嵌锻在一起的。

冶铁技术发明于原始社会的末期（约公元前 2000 年），即野蛮时代的高级阶段是从"铁矿的冶炼"开始。

早期的冶铁技术，大多采用"固体还原法"，即冶铁时，将铁矿石和木炭一层夹一层地放在炼炉中，点火焙烧，在 $650 \sim 1000$℃ 下，利用炭的不完全燃烧，产生一氧化碳，遂使铁矿中的氧化铁被还原成铁。

世界上许多民族都先后掌握了冶铁技术。居住在亚美尼亚山地的基兹温达部落在公元前 2000 年时，就发明了一种冶铁的有效方法。小亚细亚的赫梯人在公元前 1400 年左右也掌握了冶铁技术。两河流域北部的亚述人在公元前 1300 年已进入铁器时代。

我国是世界上最早发明冶炼铸铁的国家。我国考古工作者曾发现公元前 5 世纪的铁器。从许多考古发掘的实物推断，我国劳动人民早在近 3000 年前的周代就已会冶炼铸铁了。到了公元前 3—前 4 世纪，我国铁器的使用便普遍起来。这说明我国使用铸铁的时间要比欧洲早出 1600 年。

在西亚古苏美尔语中，铁被叫做"安巴尔"，意思是"天降之火"（陨石）。古埃及人把铁叫做"天石"。

在古人类发现铁时，由于其坚硬的特性，将其命名为 Iron（"铁"），该词源于拉丁语，意为"坚固"、"刚强"的意思。

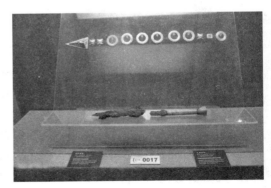

已出土的中国最早的铁器

铁的元素符号"Fe"，源自拉丁文"Ferrum"，意指"铁"，系该词的缩写。

在远古时代，第一块落到人类手中的铁可能不是来自于地球，而是来自宇宙空间，因在一些古语中，称其为"天降之火"。埃及人把铁叫做"天石"。可见人们最早认识的铁是从陨石开始的。

1891年，在美国亚利桑那州的沙漠中发现了一个巨大的陨石坑，坑的直径有1200米，深度有175米。估计这块亚利桑那州陨石有几万吨重。有人试图想让这个"天外来客"为他们赢利，甚至成立股票公司，然后事实上以公司的倒闭而告终。

1896年，美国探险家在丹麦格陵兰的冰层中发现了一块重33吨的铁陨石。这块陨石历尽千辛万苦被送到纽约，至今仍然保存在那里。

"天外来客"毕竟有限，因此在冶金业发展之前，用陨铁制作的器具相当的珍贵。铁在地球上的出现与使用，在最初是带有神秘与高贵的色彩，只有最富有的贵族才能买得起耐磨的铁制装饰品。在约根泰佩（公元前1600—前1200年）就发现了一件用来配青铜剑身的铁剑柄，显然，这是作为一种贵重的装饰金属物。在古罗马，甚至结婚戒指一度是铁制而不是金制。在18世纪探险家航行中甚至有过这样的经历，他们用一枚生锈的铁，可以换一头猪，用几把破刀，就可换足够全体船员食用好几天的鱼。因为他们遇见的波利尼亚西土著人对铁的渴望超过了其他。因此，锻造业也一直被认为是最体面的行业之一。

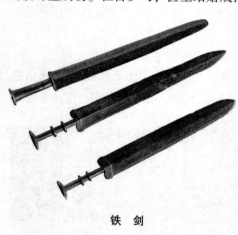

铁　剑

1889年，由杰出的法国工程师埃菲尔设计的一座宏伟的铁塔建筑物在巴黎落成。许多人认为，这座高300米的铁塔不会持久，埃菲尔却坚持说它至少可以矗立1/4个世纪。到现在120多年过去了，埃菲尔铁塔仍然高高屹立在巴黎，吸引着成千上万的游客，成为法国的骄傲。

1958年，在比利时首都布鲁塞尔世界工业博览会上，一座让人过目难忘的大楼矗立起来。这座建筑物由9个巨大的金属球组成，每个球的直径为18

米，8个球处于立方体的每个角顶，第9个球处于立方体中心，这正是一个放大上千亿倍的铁晶体点阵模型，它叫阿托米姆，也是铁的象征——人类不可缺少的朋友。

在我们的生活里，铁可以算得上是最有用、最价廉、最丰富、最重要的金属了。在工农业生产中，每天都离不开铁；衣食住行，缺了铁也寸步难行；国防和战争，更是钢铁的较量。从某种意义讲，钢铁的年产量代表着一个国家的现代化水平。

钢和铁，尽管我们经常连在一起讲，可是实际上，它们各有各的特定含义。

矗立在巴黎的埃菲尔铁塔

从化学观点看，铁是银白色的金属元素，可以展成薄片，拉成细丝。但是，通常见到的铁却是黑色的。这是因为铁很容易生锈，表面蒙上一层黑褐色的铁锈的缘故。铁也因此被称为"黑色金属"，钢铁工业也叫做"黑色冶金工业"。

铁有生铁、熟铁之分。生铁含碳在 $1.7\% \sim 4.5\%$；熟铁含碳在 0.1% 以下；而钢的含碳量比熟铁高，比生铁低，在 $0.1\% \sim 1.7\%$。

钢又由于含碳量的多少，分为高碳钢、中碳钢和低碳钢三种。

生铁坚硬耐磨，可以浇铸；熟铁强韧，可以锻打展延；钢则兼具生铁和熟铁的优点，既刚硬又强韧。

但是，钢铁却有一个致命的弱点，即耐腐蚀性很差。它在潮湿的空气中，容易生成氢氧化亚铁和碳酸亚铁，形成疏松的铁锈层，给钢铁表面留下累累疤痕。

在钢铁表面涂刷油漆、电镀或喷涂耐腐蚀性较强的金属，如镍、铬、锌、锡等，都不能持久。不锈钢虽然大大增强了钢铁的防锈能力，但是它的价格昂贵，机械强度不好，又难加工，不能用来制造大型机器或构件。

后来，我国试制成功塑料复合钢板，在钢板上喷涂一层薄薄的工程塑料，可以大大提高钢铁的耐腐蚀能力。现在火车、轮船、建筑、洗衣机等都普遍采用了塑料复合钢板。

　　有趣的是，在印度德里附近，有一座清真寺，大门里侧竖立着一根6吨多重的大铁柱。这座寺院是公元310年建立的。大铁柱经过1700多年的风吹雨淋，却安然无恙，没有生锈，引起了许多科学家的兴趣。可是它为什么不生锈，至今仍然是一个不解之谜。

　　钢铁、合金钢、不锈钢，都是以铁元素为主体的金属材料。只不过钢铁含有少量的碳，合金钢和不锈钢含有少量的铬、镍、锰、钛、硅等。这些钢铁工业中的"佐料"使钢铁合金具备了各种优异的性能，比如，抗腐蚀，耐高温，增加弹性，减少磨损，防止热胀冷缩，等等。

　　铁元素不仅在现代稳坐金属材料王国的头一把交椅，是当今最重要的金属，而且在人类历史上，它也曾经显赫荣耀一时。它是戴着神秘的光环降临人世间的。

　　铁是地球上分布十分普遍的金属元素，在地壳中的含量仅次于铝，差不多比铜高600倍。铁器比青铜坚硬、锋利得多。所以，在青铜时代后期，铁便逐渐取代了铜，使人类社会跨入先进的铁器时代。

　　这一时期是人类的英雄时代，因为铁剑、铁犁和铁斧大大提高了人类的生产力和自卫能力，人类开始成为大自然的英雄。

　　铁元素在地壳中的含量虽然只占4.75%，但是在地面以下3000千米深处的地心，却是一个铁镍的核心：内含90%多的铁和不到10%的镍。地球核心的温度高达5000℃，压力高达二三百万个大气压。在那儿，铁不仅熔化为液体，而且密度比地面上的固体铁还大50%。它集中了地球1/3的质量。如果将地球比作一枚鸡蛋，这个铁镍地核就像鸡蛋黄。

　　地下的铁镍核心又和天降的陨铁在化学组成方面那么一致，说明陨铁根本不是神灵赐给的，天体并不神秘，和地球一样，属于统一的物质世界。

　　通过研究铁陨石，天体化学家和地球化学家们指出，铁元素是浩渺宇宙中最普遍的重元素。宇宙中的氢、氦，经过一代又一代的聚变，产生了碳、氧、氖、镁。镁再聚合成硅，随后又形成铁。不过，当恒星所有的元素都转化成铁元素的时候，它的末日就来临了，因为铁原子有最大的稳定性，它的内能已经降到最低点。也就是说，不管将铁原子转变成更复杂的原子，还是较简单的原子，都需要外加能量。至于地球上比铁更复杂的铜、银、金、铀等元素，那是在超新星爆发的过程中，由铁转化而来的，含量比铁要少得多。

　　铁是天体演化过程中的一个重要产物，它不仅在宇宙的进化中占有重要位置，而且在地球的生物进化历程中，也至关重要。

铁的两种氧化态——二价的亚铁和三价的高铁，容易互相转变，成为运输氧气和生物体内氧化还原的理想材料。大多数软体动物，如田螺、乌贼的血液是淡蓝色的，节肢动物如蟹、虾也是淡蓝色的血液，这是因为这些动物血液的核心是由铜元素组成的。不过，铜的载氧能力只及铁的一半。蜗牛的血液选用了铁元素做核心，比田螺进步了，可以登上陆地。文昌鱼选用铁元素造血，也进步了，成为生物进化的主流源泉；而它的近亲海鞘却选用载氧能力差的钒元素，组成绿色的血液，从生物进化的主流中分离出来，不再参加到进化的浩荡队伍里去。高等动物的血液都是鲜红色的，血红蛋白的核心就是铁原子，这是长期进化、自然选择的结果。

对于人体，铁是不可缺少的微量元素。在十多种人体必需的微量元素中，铁无论在重要性上还是在数量上，都属于首位。一个正常的成年人全身含有3克多铁质，相当于一颗小铁钉的重量。缺铁性贫血即因造血原料里缺少铁而引起。只要不偏食，不大出血，成年人一般不会缺铁。少年儿童和孕妇要预防缺铁，就要补充鸡蛋、瘦肉、多种蔬菜、水果和红糖等富含铁质的食物。所谓的煤气中毒（一氧化碳中毒），也是由于血红素中的铁原子核心被一氧化碳气体分子紧紧地包围住，丧失吸收氧气分子的能力而中毒的。

重元素

广泛意义上的重元素指的是除去氢和氦之外的所有化学元素。一切重元素由氢与氦通过恒星内部核聚变反应产生。在恒星爆发成为超新星之后，重元素会扩散到宇宙空间中去。由于在宇宙形成初期没有任何重元素，所以早期星体重元素含量很低。

■■ 原子能工业的"必需元素"——锆

人类大约已有三百万年的历史，其中石器时代占了绝大部分。自从发明用火之后，火给人类带来了第一种有用的金属——铜。这样，我们的祖先才终于跟那个"石头当家"的石器时代告别，进入了人类文明的"铜器时代"。

铜战胜了石头，从那时起一直到今天，它始终是一种十分重要而有用的金属。

现在我们要结识的是一种在地壳里的蕴藏量比铜还多好几倍的稀有金属——锆。

说来真是奇怪，我们对铜那样熟悉，已经发现和使用了好几千年，可是对锆却十分生疏，它的发现只有200多年的历史。

人们在1789年就在一种矿石中发现了锆，可是直到35年后才见到了它的"庐山真面目"，原来它是一种银灰色的金属。

致密的锆在空气里是十分"安分守己"的，可是灰黑色的锆粉却在200℃的条件下就能着火燃烧，发出刺眼的光芒。十分细的锆丝也不"壮实"，划一根火柴就能把它点燃。

可是像锆这样一种一点火就着的东西，怎么有资格列入稀有高熔点金属的行列呢？

分类的人的确没有搞错，锆的熔点确实是很高的，在摄氏1850度左右，熔点比它更高的金属实在不是很多。要知道，粉状、丝状的锆发生急速氧化的化学反应是一回事，而固体的锆受热熔化变成液体却是物理反应，这是"风马牛不相及"的两回事呀。

锆天生"命运"就不好，一直没有一个自己的"安身之处"，常常是伴生在其他的矿物里，很晚才被人们发现。就是发现后，也被人们认为是一种用处不大的金属，加上它提炼起来也十分困难，所以在很长一段时间里，一直受到人们的"冷遇"。然而，最近几十年来，随着原子能事业的飞速发展，锆终于找到了自己的"用武之地"，才真正显出了自己的"英雄本色"，人们对它的看法也来了个一百八十度的大转弯，现在，它已经成了原子能工业的"好仆人"。

二氧化锆是锆最重要的化合物之一。二氧化锆是一种高级的耐火材料。

把白色的二氧化锆掺进陶瓷里，给陶瓷增添了新的血液，使它变得更加洁白光亮，更加耐热刚强。用这种陶瓷制成的高温绝缘瓷瓶，有很高的绝缘能力和很小的膨胀系数，在高压输电线路里是必不可少的。

锆也能强烈地吸收氮、氢、氧等气体。比方说吧，温度超过900℃时，锆能猛烈地吸收氮气；在200℃的条件下，100克金属锆能够吸收817升氢气，相当于铁的80多万倍。

锆的这个怪脾气，给冶炼它的工人师傅们造成了很大的麻烦，但是，在另外一些场合它又能给人们带来好处。比如在电真空工业中，人们广泛利用锆粉涂在电真空元件和仪表的阳极和其他受热部件的表面上，吸收真空管中的残余气体，制成高度真空的电子管和其他电真空仪表，从而提高它们的质量，延长它们的使用时间。

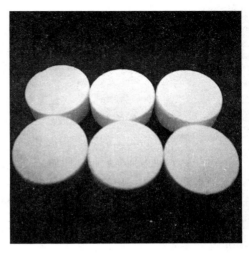

二氧化锆

锆还可以用做冶金工业的"维生素"，发挥它强有力的脱氧、除氮、去硫的作用。钢里只要加进1/1000的锆，硬度和强度就会惊人地提高；含锆的装甲钢、不锈钢和耐热钢等，是制造装甲车、坦克、大炮和防弹板等国防武器的重要材料。把锆掺进铜里，抽成铜线，导电能力并不减弱，而熔点却大大提高，用做高压电线非常合适。含锆的锌镁合金，又轻又耐高温，强度是普通镁合金的2倍，可用到喷气发动机构件的制造上。

前面我们曾经提到过锆粉。锆粉的特点是着火点低和燃烧速度快，可以用做起爆雷管的起爆药，这种高级雷管甚至在水下也能够爆炸。锆粉再加上氧化剂，这好比火上加油，燃烧起来强光炫目是制造曳光弹和照明弹的好材料。

熔　点

熔点是指在一定压力下，纯物质的固态和液态呈平衡时的温度。通俗点说，熔点就是固体将其物态由固态转变（熔化）为液态的温度。由液态转为固态时的温度，则称之为凝固点。与沸点不同的是，熔点受压力的影响很小，而大多数情况下一个物体的熔点就等于凝固点。熔点是对晶体而言的，晶体熔点从高到低为：原子晶体、离子晶体、金属晶体、分子晶体。

植物必不可少的微量元素——钼

钼是一种银白色的坚硬金属，也有一身耐高温的好本领，它的熔点高达2620℃。平常，它的"脾气"很温和。

可是，人们为什么要把它叫做"战争金属"呢？

原因是这样的：把钼加到钢里，钢的强度、韧性以及耐高温、抗腐蚀的本领都会得到很大的提高。这种钼的合金钢特别适合于用来制造枪炮筒、装甲板、坦克和其他武器装备，因为枪炮同弹药打交道，不坚硬强韧、不抗热耐磨是根本不行的。所以，在世界各国中，钼都是重要的战略物资。

钼

在20世纪初，钼的产量只有几吨。随着第一次世界大战的爆发，人们开始大量制造枪支弹药，对钼的合金钢的需求猛增。据统计，第一次世界大战期间，钼的年产量几乎增加了50倍。

第一次世界大战结束后，人们不再大量制造枪炮，因而对钼的需求不多，钼矿的产量急剧下降。1930年以后，法西斯国家迅速崛起，它们疯狂地扩军备战，于是钼矿的产量开始回升。二战爆发后，各国又大量制造战争武器，在战争发展最关键的1943年，钼的年产量达到了最高点，约为3万吨。

直到现在，钼仍是重要的战略物资，全世界大部分的钼仍被用来制造枪炮、装甲车、坦克等战争武器，可以看出，把钼称为"战争金属"是再合适不过的了。

在几十年前，新西兰有个牧场曾发生了一件怪事：那一年，有个农民在牧场上混合播种了三叶草和禾本科牧草。年景实在不好，牧草长得又矮又小，甚至枯萎发黄了。

　　然而，奇怪的是，在那一片凋黄的牧场上，竟有一块地方的牧草长得格外好，远远看去，好像是黄色海洋里的一个绿色"小岛"。这是怎么一回事呢？

　　这个农民经过仔细的观察，终于发现了秘密：原来，在那个"小岛"的旁边，是一个钼矿工厂。许多贪图抄近路的工人，常常从那儿经过，径直走向工厂的大门。工人们的皮靴上粘着许多钼矿粉，这些钼矿粉落到草地上，使牧草长得格外好。钼矿粉为什么会使牧草长得好呢？

　　后来，人们经过仔细的研究，才发现原来钼是植物生长必不可少的微量元素。那块牧场是缺钼的土壤，因此落了一些钼矿粉，就大见增产效果。

　　钼也是庄稼的一个好朋友。在众多植物中，庄稼更需要钼的帮助，少量钼的化合物能使小麦每亩增产几十千克，豆类的产量增加得更多。

　　钼在人体内含量极少，仅占体重的千万分之一。一个体重70千克的人，体内钼的总量不会超过9毫克，但钼对人体的特殊功用却不能忽视。

　　钼对人体心血管有特殊的保护作用。科学家在分析上百名心肌梗塞而死亡的病例时，发现这些人体内的钼含量比正常的人要少得多，而且心肌中含钼越少的地方，损害的情况越严重。

　　钼还可以阻止致癌类物质在人体内的合成，从而防止癌变。有一个地方在以前是食管癌的高发区，每年都有很多人患上这种绝症。后来人们发现这是土壤中缺钼造成的。近年人们使用了钼酸铵肥料后，食管癌的发病率逐年下降。

　　钼还有显著的防龋齿的作用，在一些缺钼的地区，儿童龋齿的发病率很高，而当人们设法补充了钼之后，就发现这种病自己慢慢地消失了。

　　很多食物中都含有钼，由于人对钼的需求量极少极少，因而一般不会缺钼。缺钼者除了多吃一些含钼的食物外，还应注意本身对钼的吸收和利用，如因胃肠功能紊乱而造成缺钼的患者，应在补充含钼饮食的同时，加强对胃肠功能的治疗，才能从根本上解决缺钼的状况。

 知识点

钼的基本性质

　　钼为银白色金属，硬而坚韧。人体各种组织都含有钼。钼的密度为10.2克/立方厘米，熔点为2610℃，沸点为5560℃，化合价 +2、+4 和 +6。钼是

一种过渡元素，极易改变其氧化状态，在体内的氧化还原反应中起着传递电子的作用。在氧化的形式下，钼很可能是处于 +6 价状态。

"脾气"古怪的锰元素

古希腊思想家泰利斯从美格尼西亚（小亚细亚的一座城市名）获得了一种能吸铁的黑色矿物样品，把它叫做"美格尼斯"（magnes，"磁铁石"magnetite 一词由此而来）。罗马博物学家普利尼把泰利斯称作的"美格尼斯"（磁铁石）与另一种矿物（软铁锰）搞混了，他把后者也称作"美格尼斯"。在中世纪，人们又把普利尼搞错了的"美格尼斯"进一步曲解，错拼为"孟戈尼斯"（Manganese）。舍勒为当时被称为"脱燃素的新金属"命名时，就沿用了这个被错拼的名字"孟戈尼斯"（Manganese，软锰矿的通称），汉语中译为"锰"。

古代炼金术常用黑锰矿（即软锰矿）做漂白玻璃的材料。当时人们分不清黑苦土与黑锰矿的区别。18 世纪 70 年代以后，冶金工业的发展促使人们对各种矿物进行研究，其中包括软锰矿（MnO_2）。瑞典著名化学家、矿物学家贝格曼曾对软锰矿进行研究，他认为锰不是存在于碱土族化合物的苦土矿中，并指出软锰矿中含有一种新金属的氧化物，但未把这种新金属还原出来。之后，舍勒花了 3 年工夫，做了种种试验，于 1774 年确定软锰矿中含有一种新金属的氧化物，并为该新金属定名为"锰"（Manganese）。这些试验资料为后来的甘恩从软锰矿中制取金属锰打下了基础。

瑞典化学家贝格曼（1735—1784）

1774 年瑞典矿物学家甘恩将一只坩埚盛满潮湿的木炭粉，再把油调过的软锰矿放在木炭正中，用泥密封加热 1 小时后，发现一纽扣大的锰粒。

锰是银灰色的金属，很像铁，但比铁要软一些。如果锰中含有少量的杂质——碳或硅，它就变得非常坚硬，而且很脆。不过，纯净的金属锰在人们的眼中没有多少用途，因为它比铁还容易生锈，在潮湿的空气中，不一会儿就变得灰头土脑的，原来它的表面已生成了一层氧化锰。而且，锰的熔点也没有铁高，机械强度也远不及钢铁，而价格却比钢铁贵得多，因此人们几乎不生产金属锰，而大量生产钢铁。

锰最重要的用途是制造合金——锰钢。

锰钢的脾气十分古怪而有趣：如果在钢中加入 2% ~3% 的锰，那么所制得的低锰钢简直脆得就像玻璃一样，一敲就碎。然而，如果加入 13% 以上的锰，制成高锰钢，那么它就变得既坚硬又富有韧性。把高锰钢加热到浅橙色时，它就变得十分柔软，人们很容易把它加工成各种零件。

金属锰锭

大家知道，钢铁在遇到磁体时就会被吸引过去，但人们发现，只要在钢里加进 14% 的锰后就不再被磁体吸引了，这种特别的锰钢很适用于做军舰的舵室和跟罗盘很接近的钢铁部件。

现在，人们大量用锰钢来制造耐磨的机器零件和铁轨、桥梁等。在上海文化广场观众厅的屋顶，采用当时新颖的网架结构，用几千根锰钢钢管焊接而成。在纵 76 米，横 138 米的扇形大厅里，中间没有一根柱子。由于用锰钢作为结构材料，非常结实，而且用料比别的钢材省，平均每平方米的屋顶只用 45 千克锰钢，所以现在楼房的屋顶，大多都是用锰钢做成的。

锰不但在工业生产中有特殊的贡献，而且对所有的有机体来说，无论是植物，还是动物，它都是必需的。在农业生产方面，缺锰会使庄稼患上一种怪病——缺绿症。

植物缺锰为什么就不绿了呢？这是因为光合作用的过程必须有锰参加才

能顺利进行下去。植物进行光合作用的器官就好像是串联在一起的成千上万个电池，是由许多能进行光合作用的单元组成的。每个单元都能接收光，把二氧化碳和水变成糖。每一个这样的单元中，至少含有两个锰离子，才能使光合作用持续不断地进行下去。

有的人也许会问：我们人体中究竟含有多少锰呢？

据科学家们推算，锰在人体中的库存约为 16 毫克。每天被我们吃掉的食物所含的锰不管有多少，都大约有 5% 可以被吸收。

你们或许会十分惊讶：这样下去不是人体组织里的锰会越来越多吗？

实际上并非如此。原来人体内有一个"专门机构"在控制锰的量，多余的锰离子会被它排出体外，所以人体内锰的含量比较稳定。

那么，这个专门"机构"的奥秘是什么呢？现在这还是一个未解之谜，等你们长大之后，掌握了丰富的科学知识，一定会把它的秘密弄清楚的。

20 世纪 50 年代，在南美洲的一个偏僻小镇里，发生了这样一件古怪的事情：本来这里的人身体都很健康，可突然间，先后有几十人发了疯病，他们时而大哭，时而大笑，四肢僵直，行动古怪……

这是什么原因呢？

当地的警察局和医院组成了联合调查组，经过仔细的检查，发现这些发了疯的人的身体中含有的金属锰离子要比正常人高得多。

原来，过多的锰离子进入人体后，会损害人的神经系统，开始时使人头疼、脑昏、记忆力衰退，过些时间后会使人精神反常，疯疯癫癫，显出各种丑态。

那么，这些锰离子从何而来呢？原来，这个镇子里的人饮用的是河水，在上游有一家冶炼厂，经常向河水中排放废水，这些废水中含有很多的锰离子，它们顺水漂流而下，镇里的人饮用之后，它们就进入了人体，等到时机成熟，就开始"为非作歹"，使人发疯。

▌▌▌形影不离的"兄弟元素"——铌和钽

1801 年英国化学家哈切特分析北美一种铌铁矿石时发现了铌。1864 年，布朗斯登用强烈的氢气火焰使氯化铌还原为铌。

铌的命名颇有一段趣味故事。因为当时哈切特研究的矿石是在美国发现的，美国又称为哥伦比亚，为纪念哥伦比亚将新元素取名为"钶"。

但是，1802年瑞典化学家埃克伯格又发现了与"钶"性质非常相似的"钽"（两者原子半径仅差4.2%）。因此很长一段时间曾将该两者认为是同一种元素，包括当时许多有名的化学家如贝采里乌斯等人都是这样判断的，且只采用"钽"这个名称。

直到1845年德国化学家罗泽才指出"钶"和"钽"是两种不同元素，由于两元素性质非常相似，罗泽就把"钽"（实为"钶"）叫成"铌"（Niobium），1907年才制得纯金属铌。

铌的取名是以古希腊神话中吕底亚国王坦塔罗斯的女儿尼奥勃的名字来命名的。

多年来，铌这个元素保留了两个名称，在美国用"钶"，在欧洲用"铌"，直到1951年国际纯化学和应用化学协会命名委员会正式决定统一采用"铌"作为该元素的正式名称。现在美国化学家已改用"铌"这个名称，但冶金学家和金属实业界有时仍用"钶"这个名称。

1802年，瑞典化学家埃克伯格在分析斯堪的那维亚出产的一种矿物（铌钽矿）时，使它们的酸生成氟化复盐后，进行再结晶，从而发现了钽。1814年贝采里乌斯判定它确是一种新元素，并赞同赋予它tantalum（"钽"）这个名字。原意是"使人烦恼"，因它不易与铌分离。铌钽的氧化物和盐类早在1824年就开始研究，但纯金属可锻钽直到1903年才用金属钠还原氟钽酸盐的方法制得。1929年金属钽的生产才开始进入工业规模。关于钽的命名有一种说法，认为是源自古希腊神话中吕底亚国王坦塔罗斯的名字。相传，坦塔罗斯由于触犯了众神而被罚在地狱中受酷刑。当他站在齐脖子深的水中因干渴而要饮水时，水就向下打旋消失不见了；当他因饥饿而想去吃离他只有几英寸远的果树上的果子时，树枝都摇晃起来使他够不着。金属钽有极不寻常的耐酸性能，甚至能耐王水。钽在酸里，酸对它的影响绝不比坦塔罗斯站在水中时水对他的影响更大，所以用坦塔罗斯的名字命名金属钽。但是因为英语中tantalize（"愚弄"）一词也源自坦塔罗斯的名字，所以有人认为钽的取名，是由于发现者在找到它之前受到了tantalize（愚弄），因而几乎错过了发现它的机会。这种说法显然不恰当。

铌和钽这一对"孪生兄弟"，把它们放到一起来介绍是有道理的，因为它

个列车可以浮起在轨道上约十厘米。这样一来，列车和轨道之间就不会再有摩擦，减少了前进的阻力。一列乘载百人的磁悬浮列车，只消 100 马力（73.5 千瓦）的推动力，就能使速度达到 500 千米/时以上。

用一条长达 20 千米的铌锡带，缠绕在直径为 1.5 米的轮缘上，绕组能够产生强烈而稳定的磁场，足以举起 120 千克的重物，并使它悬浮在磁场空间里。如果把这种磁场用到热核聚变反应中，把强大的热核聚变反应控制起来，那就有可能给我们提供大量的几乎是无穷无尽的廉价电力。

"地球之子"元素——钛

钛 U 型换热器

钛是一种银白色的金属，早在 1791 年，英国科学家威廉姆·格里戈尔在英国密那汉郊区，首先发现了这种新元素。过了 4 年，德国化学家克拉普洛特又从匈牙利布伊尼克的一种红色矿石中，发现了这种元素，并以希腊神话中的英雄来命名。钛的意思是"地球的儿子"。钛的外形很像钢铁，但远比钢铁坚硬，且体重只有铁的 1/2。在常温下，钛可以安然无恙地"躺"在各种强酸、强碱中；就连最凶猛的酸——王水，也不能腐蚀它。有人曾把一块钛片扔进大海，经过 5 年以后取出来，仍然闪闪发亮，没有半点锈斑。俗话说："真金不怕火炼"，可是钛的熔点比黄金还高出 600℃多。

正因为钛的本领非凡，所以有着广泛用途。现在，钛是制造飞机、坦克、军舰、潜艇不可缺少的金属。在宇宙飞船和导弹中，也大量用钛代替钢铁。钛与氮、碳结合生成的氮化钛、碳化钛，也是非常坚硬的化合物，它们的耐热本领甚至还比钛高 1 倍。这样坚硬而耐热的材料，可以代替超级钢，制造高速切削刀具。钛的许多特殊性能，还在化工、超声波和超导技术中得到应用。然而，钛有个最大的缺点，就是提炼比较困难。这主要是因为钛在高温下可以与氧、碳、氮以及其他许多元素化合。所以人们曾把钛当做"稀有金属"，其实，钛的含量约占地壳重量的1/6000，比铜、锡、锰、锌的总和还要多10多倍。在世界上，我国钛的储藏量最多，四川的攀枝花，钛的储藏量占全国90%以上，是世界上罕见的大钛矿。

熔点最高的金属元素——钨

钨是化学元素周期表第Ⅵ副族元素，原子序数74。自从1879年爱迪生发明了灯泡以来，金属钨便大显神通。白炽灯、碘钨灯和真空管中的灯丝，都是用钨丝做成的。因为钨是熔点最高的金属，它的熔点高达3410℃，当白炽灯点亮的时候，灯丝的温度高达3000℃以上，因此它素有"烈火金刚"之美称。

钨最初是从瑞典出产的一种当时称之为"重石"的白色矿石当中发现的。1781年瑞典化学家舍勒把这种矿石进行分析，证明其中并不含锡，也不含铁，只含有石灰和另一种特殊的固体物质。舍勒称此物质为"tungsticacid"（钨酸），并且认为，将钨酸还原，有获得一种新金属的可能。当时称之为"重石"的矿物，现在知道它的主要成分就是钨酸钙，是含钨的重要矿石，称之为白钨矿。

1783年，西班牙的两位化学家德鲁亚尔兄弟从瑞典的一种黑褐色的矿石中，也得到了已被舍勒所发现的钨酸。于是他们将钨酸和木炭粉末的混合物，放在一只密封的泥制坩埚中用高温进行灼烧。灼烧完毕，待坩埚冷却，将盖移去，发现坩埚中生成一种黑褐色的金属颗粒，用手指一碾就成了粉末，在放大镜中观察，是一些有金属光泽的颗粒，这便是金属钨。现在知道，德鲁亚尔兄弟所研究的黑褐色的矿石就是钨锰铁矿，也叫黑钨矿，是钨的另一种主要矿物。舍勒给这种新金属取名为"tungsten"（钨），命名取意"重石"，拉丁语名源于"woulfe"，取符号为W。

19世纪末到20世纪初，钨作为钢的添加剂用于冶金工业，以后又用作灯泡的灯丝，随着具有延性的钨材料制备新方法的诞生，以及碳化钨硬质合金的使用，它的应用范围扩大了，特别是在20世纪60年代航空和宇航等尖端科学技术的发展中，它就显得格外重要了。

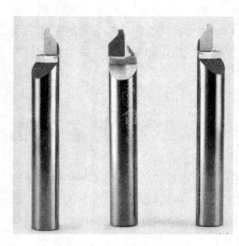

钨制刀具

钨的最重要用途之一就是用它制备具有超硬性能的硬质合金，其用量占整个产量的50%。在现今的工业中到处可见使用硬质合金的例子，如我们常说的切削工件时用的合金刀头，可成倍甚至成百倍增加使用寿命，在量具的易磨损的工件表面上镀以碳化钨硬质合金能提高其精度并延长寿命20～150倍。硬质合金还是重要的模具材料，用它作热压模、冷拉模具其耐磨性能最佳，可提高寿命20～200倍；硬质合金还大量用于制造耐磨制件上如采矿工业用的采掘设备、石油勘探用的钻头、冷轧箔材的轧辊等。如果没有以钨为基础的硬质合金，就很难想象能有今天的现代工业。金属钨第二个重要的用途是作为钢和有色金属合金的添加剂。钢中含有钨时可使钢回火稳定性、红硬性和抗腐蚀能力大大增加，现在工业上生产的性能优异的合金工具钢、高速工具钢、热锻模具钢、结构钢、弹簧钢、耐热钢和磁钢等都添加了钨等。有统计报导钨产量的20%以上是用于这方面的。

钨的另一重要用途，是在火箭、导弹、返回式宇宙飞船以及原子能反应堆等尖端科学上的重要应用，这是由于钨具有优异的物理、机械、抗腐蚀和核性能。如钨合金在1900℃的高温下，强度仍有44千克/毫米，而在这样高温下，其他的许多金属无论是钢还是耐热的超级合金也都熔化成液体了。钨主要用来制造不需要冷却的各种类型火箭发动机喉衬，用渗银钨做成喷管可经受3100℃以上的高温，用于多种类型的导弹和飞行器；用钨纤维复合材料制作的火箭喷管能耐3500℃或更高温度，在化工工业中可做耐腐蚀设备和部件，可做润滑剂、颜料和各种反应的催化剂。

钨在地球上含量稀少，但我国的钨矿藏量极为丰富，占世界第一位，其中以江西大康山脉最多。此外广西、广东、湖南等地也都盛产钨。

最重的金属元素——锇

1803 年，英国化学家台奈特将粗铂溶于稀王水中，得到一种具金属光泽的黑色残渣。经不同方法处理，他发现其中含有一种新元素，取名为锇。

锇的命名"Osmium"源自希腊文"osme"意为"臭味""臭萝卜味"。因为粉末状的锇在室温下暴露于空气中，即有形成挥发性的四氧化锇 OsO_4 的可能，生成的 OsO_4 即使微量，也可以闻到它的特殊气味。

从密度来看，蓝灰色的金属锇是金属中的冠军。锇的密度为 22.48 克/立方厘米，相当于铅的 2 倍，铁的 3 倍，锂的 42 倍。1 立方米的锇就有 22.48 吨重。

金属锇极脆，放在铁臼里捣，就会很容易地变成粉末，锇粉呈蓝黑色。

金属锇在空气中十分稳定，熔点是 2700℃，它不溶于普通的酸，甚至在王水里也不会被腐蚀。可是，粉末状的锇在常温下就会逐渐被氧化，并且生成四氧化锇。四氧化锇在 48℃ 时会熔化，到 130℃ 时就会沸腾。锇的蒸气有剧毒，会强烈地刺激人眼的黏膜，严重时会造成失明。

锇在工业中可以用做催化剂。合成氨时，如果用锇做催化剂，就可以在不太高的温度下获得较高的转化率。如果在铂里掺进一点锇，就可做成又硬又锋利的手术刀。

利用锇同一定量的铱可制成锇铱合金。铱金笔笔尖上那颗银白色的小圆点，就是锇铱合金。锇铱合金坚硬耐磨，铱金笔尖比普通的钢笔尖耐用，关键就在这个"小圆点"上。用锇铱合金还可以做钟表和重要仪器的轴承，十分耐磨，能使用多年而不会损坏。

王　水

王水又称"王酸"、"硝基盐酸"，是一种腐蚀性非常强、冒黄色烟的液体，是浓盐酸和浓硝酸组成的混合物，盐酸与硝酸的体积比为 3:1。王水是少数几种能够溶解金物质之一，这也是它名字的来源。王水一般用在蚀刻工艺和一些检测分析过程中，不过塑料之王——聚四氟乙烯和一些惰性很强的纯金属（如钽）不受王水腐蚀。王水极易分解，有氯气的气味，因此需要时要现配制。

▌▌▌"恶魔"金属——镍

镍的发现历史和铬的历史相似，古人早已知道使用镍的合金——白铜。1751 年，瑞典的矿物学家克朗斯塔特取"尼客尔铜"（Kupfer-nickel）即"假铜"（现名镍的砷化物矿，又叫红砷镍矿）表面风化后的晶粒与木炭共热，还原出一种白色金属，其性质与铜不同，后来他仔细研究了它的物理、化学性质后，确认其是一种新元素。

与钴的命名类似，矿工们对德国的银矿山上另一种同类矿石也很讨厌，它曾使矿工们长期受累，他们称它为 Kupfer-nickel（"假铜"、"魔鬼的铜"之意）。克朗斯塔特采用缩略词"Nickel"（即"小鬼"之意）命名新金属，汉语译名称为"镍"。

值得提出的是，据考证，我国早在克朗斯塔特前 1800 多年的西汉（公元前 1 世纪），便已经懂得用镍与铜来制造合金——白铜，并将白铜器件销于国内外，说明我国是最早知道镍的国家。至今，波斯语、阿拉伯语中还把白铜称为"中国石"。

镍，其名本意却是"恶魔"。原来很久以前，法国人找到一种红色的矿石，却怎么也炼不出铜来，他们认为这是魔鬼的矿石，称为鬼铜。原来这种矿石中就含有镍。镍特别耐高温，到 1500℃ 才能熔化，所以可以用镍铬合金造电炉丝，造喷气式飞机、火箭、宇宙飞船、原子反应堆的耐高温零件。镍还是其他金属的"作料"，可引起性质的很大变化。镍钢有抗腐蚀性，可制船舶、管道、仪器。镍可以制造永久性磁化材料，但镍与铁以 3:1 比例制成的合金，磁化和消磁都很容易，而含镍 20% 的钢材却不能被磁铁所吸引。镍在地球蕴藏量很少，但作用很大，所以更显得重要珍贵。

可以破坏癌细胞生长的金属——钴

你见过这样的晴雨花吗？在晴天，它是蓝色的；即将下雨时，它变成了紫色；到了下雨天，又变成了玫瑰色。

这奇妙的晴雨花，并不是真正的花，而是用滤纸做的。人们把滤纸浸在二氯化钴的溶液中，晾干，做成花的形状。

为什么用二氯化钴浸过的滤纸会随着天气的变化而变色呢？

原来，二氯化钴有这样一个古怪的脾气：在无水状态时，它显出来的是蓝色，而一旦吸水，形成含水的晶体，就变成了玫瑰红色。人们利用它这个怪脾气，制成了晴雨花。在晴天时，空气中的水分少，二氯化钴保持无水状态，所以显蓝色；即将下雨时，空气中水分增多，部分二氯化钴变成了含水化合物，红色与蓝色相混，显出来的是紫色；到了下雨时，空气中水分很多，绝大部分二氯化钴都成了含水化合物，于是，便显出了玫瑰红色。

人们根据这"花"的颜色的变化，就能预知晴雨，因此把它叫做"晴雨花"。二氯化钴是钴的重要化合物。二氯化钴的颜色时红时蓝，金属钴却总是银白色的。它很坚硬，具有磁性，能被磁铁吸起。钴的化学性质很稳定，在常温下，把它放在空气和水中，无论放多久也不会有什么变化。但在加热时，钴会与氯、氧、硫等发生化学反应，生成各种化合物。

钴是金属中的"硬汉"，它十分坚硬，而且它的这种脾气还可以"遗传"到钴合金中。因此，在工业上，人们常常把它和其他的金属熔炼成合金。

钴合金的硬度比钴还要好，比如，人们把含有 4/5 的钨、1/5 的钴和碳的合金，称为"超硬合金"，即使把它加热到 1000℃ 以上，它的硬度依然如故，所以人们常用它来制作车床上的切削刀具。

钴合金的另外一种性格是具有磁性。赫赫有名的永久磁铁，就是由钴、铬、钨、碳组成的钴钢。在一些特制的磁性合金中，钴的含量甚至占到了一半！另外，在一些耐酸、耐热的合金中，也常常要加入钴。

在南美的一个国家里，发生了这样一件怪事。一个牧民赶着羊群到了一个新的牧场，可是几天后，他发现自己的羊得了一种脱毛症，每天都要脱掉许多毛。

硫钴矿

这是什么缘故呢？

这个牧民决心弄清楚这种病的起因。他每天都要抽出许多时间来观察羊群的行动。他发现，随着时间的推移，羊的这种病越来越严重，有些羊的毛稀得都露出了肚皮。然而，奇怪的是，这群羊中有一只羊的毛却好好的，一点也没掉，这是为什么呢？

于是这个牧民在放牧时就紧紧盯住这只羊，他发现这只羊在吃饱喝足后老要舔一种石头，莫非这石头里有什么文章？

牧民拣了一块石头，把它砸成粉末，然后混在牧草中让其他的羊吃下去，这样过了几天，这些羊的脱毛症全好了。

原来，新牧场中的牧草缺少钴，而钴是动物体所必需的微量元素之一，它是维生素 B_{12} 主要成分，维生素 B_{12} 影响动物体中核酸和蛋白质的合成。羊毛是一种特殊的蛋白质，它受到维生素 B_{12} 的影响更大。所以当羊群吃了缺少钴的牧草后，就使羊体内的维生素 B_{12} 的合成不足，进而影响到蛋白质的供应，于是羊群就患上了脱毛症。

而那只羊之所以没有患上脱毛症，原因在于它喜欢舔的石块是一种钴矿石，它在舔的同时也吸收了微量的钴。因此当牧民把这种矿石粉碎混在牧草中让其他羊吃下去后，羊体内由于吸收了足够的钴，于是维生素 B_{12} 的合成恢复正常，它们的病当然也就好了。

钴有许多同位素，其中最能干的是钴60。举个例子来说，铀具有强烈的放射性，可是，把它跟镭放在一起，它的放射能力就微不足道了。而钴60的放射能力比镭又强多了。17克放射性钴的放射能力就相当于1千克镭的放射能力。

更奇妙的是，放射性钴还是恶性肿瘤的克星。一般人都知道，恶性肿瘤就是癌症，人们对它毫无办法。但放射性钴却是对付它的能手，它放出的射线能够破坏癌细胞的快速繁殖，进而抑制它们的活动能力。而且，它的"爱憎"也很分明，在治病时会把癌细胞和正常的细胞区别对待，因此不会伤害人体。

■■ 可以制造各种颜色的金属元素——钒

钒的踪迹遍布全世界。在地壳中，钒的含量并不少，平均在两万个原子中，就有一个钒原子，比铜、锡、锌、镍的含量都多，但钒的分布太分散了，几乎没有含量较多的矿床。

在海水中，在海胆等海洋生物体内，在磁铁矿中，在多种沥青矿物和煤灰中，在落到地球的陨石和太阳的光谱线中，人们都发现了钒的踪影。

可以说，几乎所有的地方都有钒，可是世界各处钒的含量都不多。

表面看来，钒跟铁没什么两样，同样穿着银灰色的衣服，但钒比铁要坚硬得多，而且在常温下，钒十分"冷静"，它不会被氧化，即使把它加热到300℃，它依旧如故，仍然是亮堂堂的。它也不怕水、各种稀酸和碱液的腐蚀。在各种金属中，它可真特别。

金属钒

说起钒的发现，还有一段故事呢。

在1830年时，著名的德国化学家维勒在分析墨西哥出产的一种铅矿的时候，断定这种铅矿中有一种当时人们还未发现的新元素。但是，在一些因素的干扰下，他没能继续研究下去。

此后不久，瑞典化学家塞夫斯朗姆发现了这一新元素——钒。

维勒白白地失去了发现新元素的大好机会，感到很失望。于是他把事情的经过写信告诉了自己的老师——著名的瑞典化学家贝采里乌斯，贝采里乌斯给他回了一封非常巧妙的信。

信上说："在北方极远的地方，住着一位名叫'钒'的女神。一天她正坐在桌子旁边时，门外来了一个人，这个人敲了一下门。但女神没有马上去开门，想让那个人再敲一下。没想到那个敲门的人一看屋里没动静，转身就回去了。看来这个人对他是否被请进去，显得满不在乎。女神感到很奇怪，就走到窗口，看看到底谁是敲门人。她自言自语道：原来是维勒这个家伙！他空跑一趟是应该的，如果他不那么不礼貌，他就会被请进来了。

过后不久，又有一个敲门的人来了。由于这个人很热心地、激烈地敲了很久，女神只好把门打开了。这个人就是塞夫斯朗姆，他终于把'钒'发现了。"

钒的盐类的颜色真是五光十色，有绿的、红的、黑的、黄的，绿的碧如翡翠，黑的犹如浓墨。

比如说吧，化合价是二的钒盐一般都是紫色的，三价钒盐是绿色的，四价钒盐是浅蓝色的，而五氧化二钒常是红色的。

我们的世界，需要各种各样的颜色来装扮。色彩缤纷的钒的化合物，可以用来制造各种各样的颜料，用它们就能把我们的生活打扮得更美丽。

如果把钒盐加入玻璃中，就能生产出非常好看的彩色玻璃。把钒盐加入墨水中，就能制造出各种彩色墨水。钒的化合物不但有丰富的色彩，还有极强的毒性。如果人体内的钒盐过多，就会得病。但让人意外的是，如果在牛和猪的饲料中加入微量的钒盐，却能使它们的食量增加，脂肪层加厚。

这真是咄咄怪事。

每个人都知道，人体内的血液是红色的。不仅人体如此，绝大多数的高等动物的血液都是鲜红色的。

在自然界中还有许多低等动物，它们的血液是蓝色的。而在高等动物与低等动物之间还有一些动物的血液是绿色的。

真奇怪！血液怎么会有这么不同的颜色呢？

原来，高等动物的血液中含有铁离子，铁离子呈现出的是红色，所以高等动物的血液就是红色的。低等动物的血液中含的是铜离子，铜离子的溶液是蓝色的，比如硫酸铜溶液是天蓝色的，因而低等动物的血液是蓝色的。居于它们之间的那些动物的血液中含有三价钒离子，细心的朋友会记得三价钒离子显绿色，所以这些动物的血液就是绿色的。

制造核燃料的金属元素——钍

在一些偏僻的小山村，如果没有电灯的话，每逢夜间演戏或开村民会时，总在广场上点几盏耀眼的煤气灯。煤气灯虽然有"煤气"两个字，其实并不是用煤气点的，而是用煤油作燃料。

煤气灯的灯罩十分有趣：刚买来时，它是柔软、洁白、闪耀着蚕丝般光彩的苎麻纱罩。可是，点过一次后，它竟变成一个硬邦邦的白色网架子，用手指一触，就会被碰得粉碎。然而，它却能被点十次、百次，不会烧坏。这是怎么回事呢？原来，这苎麻纱罩做好后，是在饱和的硝酸钍溶液里浸过的。就是因为有了硝酸钍，才使灯罩有了奇妙的本领。

硝酸钍是钍的盐类。钍是瑞典化学家贝采里乌斯在 1828 年发现的。它是银白色的金属，密度跟铅差不多，也很柔软。在常温下，钍的性情很"懒"，在空气中不会被氧化，在酸碱溶液中也不会被腐蚀。但在高温下，它就活泼起来，能跟许多非金属起反应。

二氧化钍是钍的最重要的化合物。奇妙的是，它在高温下受到激发，会射出白色的光。人们正是利用它的这一特性，来制造煤气灯罩。浸过饱和硝酸钍溶液的苎麻灯罩，在高温下，苎麻纤维马上就烧掉了，硝酸钍分解，放出二氧化氮，剩下的就是二氧化钍。煤气灯之所以那么亮，也是与二氧化钍发出的白光分不开的。

钍还有放射性，这是居里夫人在 1898 年发现的。钍在"原子锅炉"中受到中子"炮弹"的轰击后，会转变成铀（233）。这种特殊的铀的同位素在自然界中是找不到的。它可以作为核燃料，用于"原子锅炉"中。因而，钍本身虽然不能作为核燃料，但却是制造核燃料的原料。

钍在地壳中含量约为 6/1000000，差不多比铀多 3 倍，而且比铀集中，容易提炼。正因为这样，钍在近些年来已引起了许多科学家的兴趣。

比金银"高贵"的金属——铂族金属

平常，人们把黄金和白银看作最贵重的东西。其实，铂族金属元素比金银高贵得多。铂族元素有 6 个成员：钌、铑、钯、锇、铱、铂。

铂族的代表是铂，俗称白金，历史上曾经被人们当做废物甚至危险低贱的东西。16—17 世纪，西班牙人从南美洲发现这种不知名的白银般的重金属颗粒，把它运回西班牙，以比银便宜得多的价格出售。一些奸狡之徒用它和金混在一起制造"金"首饰和伪金币，国王获悉后发布命令，把所有的铂倒入大海。

1741 年，英国的 W.布朗利格博士接到亲戚赠送的一块银白色闪亮的矿石——西班牙探金者丢弃的天然白金块。经提炼、化验，于 1750 年正式宣告发现了新元素铂。人们花了近百年的时间，相继在天然铂矿石里把"贵族之家"的其他成员找齐。之所以这么费劲，是因为它们在地壳里的含量只有十亿分之一，而且往往混杂在其他金属矿中。

目前发现的铂族矿物和含铂族元素的矿物已超过 80 种。哥伦比亚的普拉梯诺·台尔·平托河和俄罗斯的叶卡捷琳堡的冲积砂铂矿著称于世。白金主要生产国是南非和俄罗斯。南非占世界白金总储量的 82.3%，其他有俄罗斯、加拿大、哥伦比亚和美国。1988 年，津巴布韦发现一个大铂矿。

中国甘肃省河西走廊北侧有一座新兴的"东方镍都"——金昌市，它是目前我国最大的铂族金属资源和生产基地。近年，在新疆东部又发现一个类似金川的镍矿床。

铂族金属除锇为蓝灰色外，其他均为银白色。铂族金属熔点高，耐腐蚀，热电性稳定，抗电火花的蚀耗性好，有良好的高温抗氧化性能和催化作用，在工业上有广泛的用途。铂大量用作首饰和汽车发动机火花塞电极。

附　录

附录 1：元素符号及其名称的变迁

　　化学元素符号属于专门用语，历来为化学家所重视，自从 1661 年波义耳（1627—1691）对元素概念作了科学定义之后，有关元素的表示符号才慢慢摆脱了金丹家所赋予的神秘色彩。道尔顿（1766—1844）和贝采里乌斯（1779—1848）先后为元素符号的规范化做出了世人称道的贡献。

　　从 1964 年开始，美国和前苏联的科学家陆续制得了 104 号以后的数种元素，由于非科学的原因，命名上出现了歧见。国际组织分别于 1977 年和 1994 年提出新的方案，然而，这些方案并没有被贯彻下去。1997 年 8 月底，经过多方协商与表决，一套新的名称和符号获得通过。

　　由于东西方文字的差异，100 多年前我国化学启蒙者是怎样解决元素名称汉字化这个问题？这些都将在本文得到阐述。

道尔顿以前的元素符号

　　早期的人们对已发现的元素和化合物冠以不同的符号，往往着眼于事物的外部现象，如图 1。到了金丹术时期，他们为了保密，常常采用一些令

道尔顿（1766—1844）

人费解的隐语和比喻，如图2。

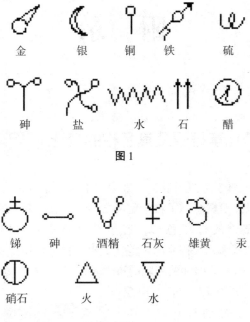

| 金 | 银 | 铜 | 铁 | 硫 |

| 砷 | 盐 | 水 | 石 | 醋 |

图1

| 锑 | 砷 | 酒精 | 石灰 | 雄黄 | 汞 |

| 硝石 | 火 | 水 |

图2

英国化学家道尔顿在从事气象学研究的第16年，即1803年，从空气是由不同颗粒所组成概括出原子学说，从而受到当时权威的化学家所推崇。道尔顿认为简单的原子都是球形的，所以化学元素符号就可用圆圈来表示。1808年，他在新著《化学哲学新体系》一书中，设计了一套符号用来表示不同的元素，如图3。

| 氧 | 氢 | 氮 | 碳 | 硫 | 磷 | 金 | 铂 | 银 | 汞 | 铜 | 铁 |

| 镍 | 锡 | 铅 | 锌 | 铋 | 锑 | 水 | 氧化亚氮 | 氧硝酸 | 亚硝酸 |

图3

贝采里乌斯提出的元素符号

为测定相对原子质量做出杰出贡献的瑞典化学家贝采里乌斯看到道尔顿的这套符号既难写又难记，特别是在印刷制版上困难更大，他拿着元素表仔细地研究着，最后想出一个办法，就是用拉丁名称的头一个字母来表示该元素。金属元素第一个字母若与非金属的相同，就在后边再加上一个小写字母。如 O（Oxygenium，源于梵语：酸之源），S（Sulphur，源于希腊语：火之源），H（Hydrogenium，源于希腊语，水之源），Cu（CuPrum，源于拉丁语，塞浦路斯岛，传说该岛盛产铜），Fe（Ferrum，源于希腊语：星，铁来自陨石）。贝采里乌斯的这些见解，于 1813 年在《哲学年鉴》上发表。鉴于贝氏对化学所做的贡献及其权威性，加之这种书写方法较前更加优越、方便，所以很快就被化学界所接受，成为一种国际通用语。唯有道尔顿到死，还一直用那些小圆圈来代表元素。

104 号以后的元素符号

1964 年前苏联科学家在杜布纳联合核子研究所发现了原子序数为 104 号的元素，为纪念其物理学家库尔恰托夫而命名为 Kurchatovium，元素符号记为 Ku。1968 年发现了 105 号元素，命名为 Nielsbohrium，元素符号记为 Ns，以纪念丹麦物理学家玻尔（N. Bohr），这种表示方法违背了欧洲人的姓名传统，也为玻尔家族所反对，后来的 107 号元素用 Bohrium 表示就是一例纠错案。

1970 年美国科学家发现半衰期更长的 104 号元素，为纪念英国的卢瑟福而命名为 Rutherfordium，元素符号记为 Ru，同年，发现 105 号元素，以纪念德国化学家哈恩而命名为 Hahnium，元素符号记为 Ha。

为解决上述矛盾，国际纯粹与应用化学联合会（1919 成立，秘书处设在英国牛津，名称的英文缩写为 IUPAC）自 1971 年以后多次开会协调无效，遂于 1977 年 8 月明确规定，从 104 号元素起，终止用科学家的姓氏来命名新元素，新出现的元素应遵从如下原则来进行命名：

1. 新元素的名称应该和原子序数具有简单而明晰的关系。

2. 不论是金属还是非金属，它们的拉丁名词词尾都加 – ium 后缀。

3. 新元素符号采用三个字母，以区别已知元素所采用的一个或两个字母。具体名称是采用希腊文和拉丁文数词联合起来。这些数词是：nil = 0,

un = 1，bi = 2，tri = 3，quad = 4，pent = 5，hex = 6，sept = 7，oct = 8，enn = 9。

原子序数	名称	元素符号
104	Unnilquadium	Unq
105	Unnilpentium	Unp
106	Unnilhexium	Unh
107	Unnilseptium	Uns
108	Unniloctium	Uno
109	Unnilennium	Une

这套名称与符号在我国目前流传甚广，信手翻开一些书刊和图表，均用此表示。

IUPAC 组织的上述规定虽然具有权威性，但没有法律效力，它遭到美国化学会（ACS）的强烈反对，无奈于 1994 年 12 月放弃成规，提出 104～109 号元素的名称和符号：

104	Dubnium	Db
105	Joliotium	Jl
106	Rutherfordium	Rf
107	Bohrium	Bh
108	Hahnium	Hn
109	Meitnerium	Mt

但是从 1995 年 6 月起，ACS 决定自行其是，在它的出版物中使用另一套名称和符号：

104	Rutherfordium	Rf
105	Hahnium	Ha
106	Seaborgium	Sg
107	Nielsblhrium	Ns
108	Hassium	Hs
109	Meitnerium	Mt

这样一来，同一种元素便有两套名称并行于文献之中。1997 年 IUPAC 和 ACS 相互妥协，于 8 月底通过表决，制订出一套新的名称和符号，以代替过

去的混乱局面：

104	Rutheffordium	Rf
105	Dubmum	Db
105	Seaborgium	Sg
107	Bohnum	Bh
108	Hassiurn	Hs
109	Meitnenum	Mt

截至 1996 年，人类所发现的元素已达 112 种，其中 106 号元素名称用健在化学家、美国的西博格命名，在历史上开了先河。

元素名称的中国化过程

19 世纪的七八十年代，西方大量的化学科学知识被介绍到中国，然而多数元素名称无对应汉字，上海江南制造局翻译馆的徐寿（1818—1884）为此做了大量开创性工作，他在 1858 年所编写的《化学材料中西名目表》中，首次提出译名原则：意译与音译兼采，根据情况，酌用其中之一法，如绿（今之氯）气、养（氧）气、轻（氢）气、淡（氮）气按物理性质意译；锌（Zinc）、钙（Calcium）、钡（Barium）、钠（Natrium）系音译，且采用一字为原则。

留学日本的编译家郑贞文（1891—1969）先生在商务印书馆工作期间（1918—1932），编译了大量的化学书籍，他在《无机化学命名草案》中，除继承了徐寿的命名原则外，又对化学用字做了规范化要求，按照元素的物理状态，造了大量新字，将气态元素加"气"字头，液态元素加"氵"或"水"的部首；非金属元素加"石"字旁，以示与金属加"金"字旁相区别。该草案经全国会议讨论修订后，由当时的教育部于 1932 年 11 月公布实施，虽然后来一些化学用字的修改更加趋向科学、合理，但上述原则一直沿用了下来。今天，我们在看到某一元素的汉字名称时，也许对它的性质一无所知，但从字形上还是可判读出某些信息来。

涉及 104 号以后元素的名称，根据 1977 年 IUPAC 的那套方案，祖国大陆没有对应的汉字，仅称其原子序数，如 1996 年 2 月 9 日人工合成的 112 号元素，表示为 277112，而海峡对岸的台湾省，对这几种元素命名为：（104 号）、

（105号）……以此类推，发音为相应的数字音。

附录2：微量元素对人体健康的影响

微量元素与身体健康是生命科学中一个活跃的研究领域。在日常生活中人体通过饮水吸收的微量元素亦占有相应的比例，现在仅就微量元素与人体健康的一些基本知识做一些简单的介绍。

人体营养中有11种主要元素，按所需多少顺序递减为氧、碳、氢、氮、钙、磷、钾、硫、钠、氯、镁。前4种占人体重量的95%，其余约占体重的4%，另外人体尚有维持生命活动的"必需微量元素"，约占体重的1%都不到。每种微量元素含量均小于0.01%，它们是铁、铜、锌、锰、碘、钴、钼、硒、氟、钡等10多种。

锌

锌对人体的重要性早期被人们认为是促进儿童生长的关键元素和智慧元素，现在已知它是维持人体各种酶长期系统的必需成分。它还是构成多种蛋白质分子所必需的元素，而蛋白质则构成细胞。所以，几乎所有的锌都分布在细胞之内，且其含量比任何别的元素更为丰富。现在，许多研究报告都说明锌具备多方面的生理功能，是一种对人生命攸关的元素。当人体缺锌时，可引起一系列的生理紊乱。尽管锌对人体有着如此神奇的作用，但是过多地摄入也是有害的。一般认为人每天需锌10～14.5毫克，多从食物和饮水中获取。

铁

铁是哺乳动物的血液和交换氧所必需的。没有铁，血红蛋白就不能制造出来，氧就不能得到输送，导致缺铁性贫血。值得注意的是，即使是轻度缺铁的儿童，他们的注意力也会明显地降低，从而影响他们的学习能力。人们从膳食中，比如谷类、肉类、蔬菜、水果都能获得一定的铁。估计日摄入量为10～15毫克，同时从饮水中，也可获得一定量的铁。

锰

锰参与造血过程，并在胚胎的早期发挥作用。各种贫血的病人，锰多半偏低，缺锰地区，癌症的发病率高。有人在研究中还发现动脉硬化患者，是由于心脏的主动脉中缺锰，因此动脉硬化与人体内缺锰有关。另外，在精氨酸酶、脯氨酸钛酶的组成中，锰也是不可缺少的部分，它还参与造血过程和脂肪代谢过程。

铜

铜是人体代谢过程中的必需元素，对于血液、中枢神经和免疫系统，头发、皮肤和骨骼组织以及脑子和肝、心等内脏的发育和功能，它均具有重要的作用。如：它可促使无机铁变为有机铁，促进铁由贮存场所进入骨髓，加速血红蛋白及卟啉的生成，在氧化还原体系中是一种极有效的催化剂。缺铜会引起贫血，并由于黑色素不足，常形成毛发脱色症，甚至可产生白化病。有研究证明缺铜可引起心脏增大、血管变弱、心肌变性、心肌肥厚等症状，故与冠心病有关。

钴

钴对人体的功能主要是通过维生素 B_{12} 在人体内发挥其生理作用，其生化作用是刺激造血，促进动物血红蛋白的合成；促进胃肠道内铁的吸收；防止脂肪在肝骨沉积。

人若缺钴，就会引起巨细胞性的贫血，并影响蛋白质、氨基酸、辅酶及脂蛋白的合成。在一些风化火成岩层以及超基型岩层中的矿泉水中，钴的含量较高。

钼

一般饮水中钼含量很低，一般低于 1 毫克/升，这也是人体缺钼的原因之一。缺钼地区的人群食道癌发病率较高。我国食道癌集中高发区的调查资料表明，病区饮水中以缺钼、铜、锌、锰这些特征为多。钼摄入过多或缺乏会引起龋齿、肾结石、营养不良等症状。

铬

铬具有 Cr^{3+}—Cr^{6+} 的氧化物形态。但在自然界，主要是以 Cr^{3+} 最为常见，客观存在作为人类必需的微量元素所起的生理作用，也是限于 Cr^{3+} 的形态，而 Cr^{6+} 则对人体是有害的。

Cr^{3+} 对人体的生理功能，据当前大量研究成果表明，主要是对葡萄糖类和类脂代谢以及对于一些系统中氨基酸的利用是非常必需的。因此，缺铬易导致胰岛素的生活活性降低，从而发生糖尿病。1959 年生物医学家默茨证实，铬是葡萄糖代谢过程中胰岛素的利用所必需的一种要素。对于一些来自饮水中铬含量低地区患蛋白质缺乏症的儿童，用铬剂进行治疗后，恢复了他们对葡萄糖的正常消化力。目前人类对铬的需要量尚未见到明确的报道，从摄取和吸收的情况来看，每天摄入 50～110 毫克是足以满足生理需要的。

钒

具有一定的生物学活性，是人体必需的微量元素之一。钒对造血过程有一定的积极作用，钒可抑制体内胆固醇的合成，有降低血压的作用。动物缺钒可引起体内胆固醇含量增加，生长迟缓，骨质异常。

硒

硒作为人体所需微量元素，在防癌，抗癌，预防和治疗心血管疾病、克山病和大骨节病等方面的重要作用已为世人所公认，确是保持人体健康的必需营养性微量元素。硒在人体内主要功能是：首先硒是组成各种谷胱甘肽过氧化酶的一个重要元素，参与辅酶 A 和 Q 的合成，以保护细胞膜的结构；其次是具有抗氧化性，能够有效地阻止诱发各种癌症的过氧化物的游离基的形成。有报道指出：硒的抗氧化作用与维生素 E 相似，且效力更大，此外硒还能逆转镉元素的有害的生理效应。中国科学院克山病防治队根据国内外研究成果，认为成年人每日最低需硒量为 0.03～0.068 毫克，推定每日 0.04 毫克，过多地摄入也会出现慢性中毒症。

碘

碘是人体必需的微量元素，人体缺碘，可以导致一系列的生化紊乱及生

理异常，但补充大剂量的碘，又会引起甲状腺中毒症，人长期摄入过多的碘不但无益，反而有害。

氟

氟是人体所必需的微量元素。对人体而言，它在人体内的浓度取决于外界环境状况。当环境中含氟量高时，特别是饮水中含氟量高时，我们的摄入量就多，环境缺氟时，体内亦随之缺乏。一般认为，人对氟的生理需要量为0.5～1.0毫克/日。成年人在正常情况下，每天可从普通饮水、饮食中获得生理所需的氟。由于从饮水所获得的氟几乎安全被吸收，因此饮水中含量对人体健康的影响有着决定性的作用。饮水中含氟量在0.5～1.0毫克/升为适宜范围，当饮水中含氟量为1.5～2.0毫克/升时，有时会出现斑釉齿而影响美观，而含量达到3～6毫克/升时，就会出现氟骨症，摄入氟量每日不超过4～6毫克时，在体内的氟不会有累积现象产生。

氟对人体的生理功能，主要是在牙齿及骨骼的形成，结缔组织的结构以及钙和磷的代谢中有重要作用。适量的氟进入人体后，首先渗入牙齿，被牙釉质中的羟磷石灰所吸附，形成坚硬质密的氟磷灰石表面保护层。这层保护层使珐琅质在酸性质条件下不易溶解，抑制嗜酸细菌的活性，阻止某些酶对牙齿的不利作用，从而能阻止龋齿的发生。据认为：饮水中含氟量低于0～0.3毫克/升时，长期饮用，而从食物渠道又得不到应有的补充时，就会造成龋齿症，儿童尤为突出，老年人还会出现骨骼变脆，易发生骨折。为此，人们常在这样地区的给水中加入氟化物，使含氟浓度为0.6～1.7毫克/升。以每人每日水的摄入量为2升计，则加氟化物的范围为1.2～3.4毫克。当摄入过多的氟时，又会出现氟斑牙及慢性氟中毒症，这是一种严重危害人类的疾病。它使人的牙齿易于脱落，肢体变形，全身关节疼痛，严重影响人体健康，因此，当这些饮水中氟含量过高时，又必须采取降低氟的措施。

微量元素对人体必不可少，但是在人体内必须保持一种特殊的平衡状态，一旦这种平衡被破坏，就会影响健康。至于某种元素对人体是有益还是无害则是相对的，关键在于适量，至于多少才是适量，以及它们在人体中的生理功能和形成的结构如何等，都值得我们作进一步的研究。

附录3：发现新元素最多的化学家——戴维

活泼自由的童年

就在拉瓦锡在法国科学院宣读他有关燃烧的氧化理论的1775年，在英吉利海峡彼岸，英国发明家瓦特与博耳顿合办的工厂开始大量生产和销售蒸汽机。蒸汽机把火转化为动力，发生了动力革命，给人增添了无穷的力量。

作为蒸汽机和工业革命发源地的英国，这一时期的科学技术蓬勃发展。数尽风流人物，下面要讲的是英国化学家戴维。

1778年12月17日，汉弗莱·戴维出生于英国的彭赞斯。他的父亲是一位木雕师，母亲十分勤劳，但他们的生活并不富裕。父母含辛茹苦地养育着戴维和他的四个弟妹，并希望他和他的弟弟受到良好的教育。

戴维幼年时活泼好动、富有情感，爱好讲故事和背诵诗歌，时常还编些歪诗取笑小伙伴和老师。他成绩最好的功课是将古典文学译成当代英语。即使最喜欢的功课也比不上戴维对钓鱼、远足的喜爱，有时玩儿得高

瓦特（1736—1819）

兴，竟忘记了上课。幸好他的母亲对他的学习非常重视，且很有耐心，使他能够较好地完成学业。

在这种自由、愉快的童年生活中，戴维有足够的时间思考、想象，形成了他热情、积极、独立、不盲从、富于创造的个性。他所在的学校是18世纪末康沃尔一地较好的中学，戴维在这里学到了多方面的知识，例如神学、几何学、外语和其他学科知识。他还阅读了大量的哲学著作，例如康德的先验

主义书籍。

家境变迁后的长兄

　　15 岁以后，由于父亲病重，家境贫困，戴维开始辍学。1794 年，父亲病逝，还不到 16 岁的戴维忽然感到了作为长兄的责任。1795 年，他一改顽童的习气，到彭赞斯镇的外科医生兼生理学家波拉斯处当学徒。在那里，戴维接触到许多知识丰富的人，很受激励，遂制定了庞大的自学计划，仅外语就有七门之多。他还利用现成的药品和仪器开始了他最初的化学实验训练。1797 年戴维阅读了尼科尔森写的《化学辞典》和拉瓦锡的名著《化学概要》，大大地丰富了他的化学知识。在这一时期他结识了蒸汽机的发明者詹姆斯·瓦特的儿子格利高利·瓦特以及后来继戴维任过英国皇家学院主席的吉迪。吉迪允许戴维利用他的图书，还介绍戴维到克利夫顿的博莱斯家族所拥有的十分完备的图书室中阅览，使戴维有机会进行广泛的涉猎，为以后的发明创造打下了坚实的基础。

　　在克利夫顿，英国物理学家贝多斯创建了一所气体研究所，目的是研究各种气体对人体产生的生理作用，希望能由此找到一些具有医疗作用的气体，同时还有搞清楚哪些气体对人体是有害的。研究所需要一位优秀的化学家，贝多斯就聘请戴维任职。戴维研究的第一种气体是一氧化二氮。按照美国化学家米切尔的观点，一氧化二氮对人体是有害的，任何人吸入这种气体后就会受到致命的打击。戴维并不盲从米切尔，他反复进行试验，发现一氧化二氮对人体并无害处，人吸入了这种气体后，会产生一种令人陶醉的感觉，所以戴维建议，一氧化二氮可以用在外科手术上。戴维关于一氧化二氮对人体的作用的论著在 1800 年出版，对一氧化二氮的麻醉作用进行了全面的评价，认为它是有历史记录以来最好的麻醉剂。从此，牙科和外科医生开始利用一氧化二氮做麻醉剂；马戏团的小丑也要在上场之前吸一点一氧化二氮，因为它对人的面部神经有奇异的作用，能使人产生意味不同的狂笑。一氧化二氮被人称为"笑气"而传播开来。除此之外，戴维还研究包括二氧化氮和一氧化碳在内的各种气体对人体所产生的生理作用。显然，研究这两种气体是十分危险的，但是戴维还是坚持做下去，并且鼓励他的弟弟约翰·戴维也来做这种冒险的实验。

　　戴维在进行气体研究时，在定量实验研究方面显示出很强的能力，他的容量分析实验技术是十分高明的。他的研究工作的特点是肯花强度很大的劳动，但却能以惊人的速度获得实验结果，而且在使现有仪器去适应新的课题研究方面表现出特殊的创造性。他对于重复和证明别人的发现不感兴趣，但在创新上却表现出很大的毅力。

戴维关于一氧化二氮呼吸作用的论著使他大大地出了名，从此他的化学生涯有了一个好的开端。

自伏打发明电堆的消息公布以后，尼科尔森和卡里斯尔报告了他们利用伏打电堆将水分解成氢气和氧气。了解到这些新的发现后，戴维立即投身到这个研究领域，并发表了论文，例如 1800 年发表在《尼科尔森自然哲学杂志》上的"化学和工艺"一文。戴维在研究中不但利用了伏打电堆这种当时先进的实验工具，而且总是保持了最清醒的头脑，探索前人在实践和理论方面是否还有不足之处。伏打一直认为电堆中的电流仅仅是由于两种不同的金属接触以后产生的，但是戴维则是第一个认识到这种"接触理论"的不足的化学家，他认为电流不只是由于接触才产生的，实际上是由于电堆中发生了化学反应而产生的。他还指出，在电解池中，由于电流的作用使化合物分解成为它的组分。戴维的观点在法国和德国受到普遍的重视和支持。

戴维还发现，如果在金属片之间的水中不存在着氧，电堆将不能很好地发挥作用，从而得出结论，认为金属锌和铜（或银）的氧化还原反应是锌—铜（或银）电堆产生电流的原因。由此进一步推论，如果在电堆中用硝酸代替其中的水或食盐溶液，电堆的效果会更好，因为硝酸的氧化性比氧气的氧化性更强。戴维还使用了将电极分别放在两个容器中的电堆，使这些容器的溶液之间用润湿的石棉绳相连。

上述研究成果在 1801 年发表，从这里我们可以再一次看到戴维的创新精神。

在皇家学院的日子

这一年，戴维被选入皇家学院，担任学院的讲师。他很高兴地写信给母亲："您大概听说过隆福德伯爵和其他贵族所建立的皇家学院吧？这是一所非常华丽的建筑，只是还没有把有才能的人组织进去使它发挥突出的作用，隆福德伯爵建议我到那儿工作。"事实确实是像戴维所说的那样，自从皇家学院吸收了戴维这样的新鲜的血液以后（后来戴维又发现了助手法拉第，把他也选进了皇家学院）才使它成为世界上最著名的科学机构之一。皇家学院的宗旨是传播知识，为大部分人提供技术训练，鼓励新的有用的机器的发明和改进，并且举行定期的讲演以宣传上述成果。在戴维任职期间，这种讲演进行得更为频繁。他本人就是一位卓越的演说家，他成功地吸引了广大的大学生、科学家和科学爱好者，其中也不乏无所事事的公子小姐来附庸风雅。于是，在很短的时间内戴维就成了伦敦的名人，而且在伦敦城里，科学变得更加时髦起来。皇家学院成了英国科学研究的中心和讲演科学的重要场所。

戴维初到皇家学院时，他的讲演都是有关技术方面的课题。1805 年他由于发表了一篇关于鞣革方面的论文而获得科普利奖。1802 年他为农业部门作关于农业化学的讲座，一直持续到 1812 年，这是第一次将化学应用到农业领域的尝试，在李比希关于农业化学的著作发表以前，戴维的讲座一直被认为是农业化学方面开拓性的工作。

1806 年戴维用电化学研究成果开办了贝克林讲座，内容是电解水的研究。他指出：在电解纯水时，产物只有按理论比例产生的氢气和氧气，这与瑞典化学大师贝采里乌斯所得的实验结果是一致的。但是其他研究电解水的化学家则指出，在电解水时电极的周围会出现酸和碱，而且电解时得不到按理论比例产生的氢气和氧气。戴维用自己精确的实验对上述疑问作出了回答，他指出：用在银质仪器中进行重新蒸馏过的纯水，放在金制的或玛瑙制的容器中，并在氢气气氛中进行电解（这样做可以避免新生态的氢气、氧气与空气中的氮气发生反应），只产生氢气和氧气，电解水的时候电极周围产生酸和碱的原因是水的纯度不够（其中含有盐）。在尼科尔森和卡里斯尔电解水的实验公布以后的六年之内，并无一位化学家注意到上述问题，恰恰是戴维解释了这一疑问。他还提出利用电解作为一种化学分析方法，并讨论了电解时溶液中物质的传输问题。他发现在两个杯子里分别装上电极和导电的溶液，再在第三个杯子里装入中性盐溶液，每一个杯子里都加入姜黄或石蕊指示剂，再用石棉绳将三只杯子中的溶液连接起来，则在电解时指示剂会在电极附近发生颜色变化。如果在装电极的两只杯子里加入氯化钡溶液，把盛硫酸的杯子放在它们的中间，三只杯子中的溶液用石棉绳连接起来，则在电解时，中间杯子里将产生硫酸钡沉淀，证明电解过程中物质是在传输的。

戴维是贝采里乌斯电化二元论的坚定支持者。他们把化学元素分成正电性和负电性的，只有带不同电性的元素才能化合形成中性物质，这些中性物质又能被电流极化和分解。每种元素都具有或正或负、或强或弱的电性，这决定了它们间的化学亲和力——强正电性的元素与强负电性的元素间的化学亲和力强，故非常容易化合，生成稳定的化合物。电化二元论贯穿当时的化学理论，起着基础的组织和分类作用。戴维用电解方法发现多种新元素的轰动效应，促使贝采里乌斯系统地提出了电化二元论。

电解发现多种新元素

1807 年戴维在贝克林讲座中描述了分离出金属钾和钠的过程。前一年他开始采用新的电解的方法来研究化学元素。拉瓦锡曾经认为化学家关心的不是元素，而是那些当前还不能够被分解的物体。当时曾经有人将碱、苏打、钾草碱（从草木灰中提炼出来的碳酸钾）当做不能被分解的物体，但是拉瓦锡却拒绝把它们列入不能被分解的物体的名单中。受到拉瓦锡文章的启发，戴维就想用电解的方法从碳酸钾、碳酸钠和碱中离析出这些化学元素。他提出了大胆的预见："如果化学结合具有我曾经大胆设想过的那种特性，不管物体中的元素的天然电力（结合力）有多么强，但总不能没有限度，而我们人造的仪器的力量似乎是能够无限地增大，希望新的方法（指电解）能够使我们发现物体中真正的元素。"

戴维用了 250 对金属板制成了当时最大的伏打电堆，以便产生强大的电流和极高的电压。开始时，他用苛性钾的饱和溶液进行电解，但是并未分离出金属钾，只是把水分解了。戴维决定改变这种做法，电解纯净的苛性钾，但是干燥的苛性钾并不导电。他又将苛性钾烧至熔化，接通电流后，阴极白金丝周围很快出现了燃烧得很旺的淡紫色火苗。戴维还是一无所获。

待他冷静思考后，判断苛性钾的确分解了，但分解产物在高温下又立刻烧掉了。他感到一阵轻松和振奋。晚上还有别人的宴请和舞会，戴维来不及换衣服，在外面又罩上一件新衣服便一阵风似的跑了。尽管实验非常紧张，但他从不耽误宴会。他优秀的口才、即刻成诗的能力在宴会上表现得淋漓尽致。别人的赞扬使他愉快，在社交中他充分享受着生活的激情。

伦敦城里到处沸沸扬扬传说着戴维分解了苛性钾，戴维却渐渐焦急起来。离贝克林讲座只有一个多月的时间了，怎样得到分解产物让大家看呢？皇家学院的创办人隆福德伯爵已于 1803 年和拉瓦锡的遗孀玛丽结婚而移居法国，现在支撑皇家学院的主要就是收费的贝克林讲座，这可不能出纰漏。于是戴

维以更大的精力投入到实验中去。

　　1807 年 10 月 6 日，伦敦大雾。戴维拿出一块苛性钾放在空气中观察，一会儿它的表面吸附了一些水分。这不就有了导电能力？戴维想着，马上便招呼他的助手准备实验。他们将表面湿润的苛性钾放在铂制的小盘上，并用导线将铂制小盘与电池的阴极相连，一条与电池的阳极相连的铂丝则插到苛性钾中，整个装置都暴露在空气中。通电以后，苛性钾开始熔化，表面就沸腾了，戴维发现阴极上有强光发生，阴极附近产生了带金属光泽的酷似水银的颗粒，有的颗粒在形成以后立即燃烧起来，产生淡紫色的火焰，甚至发生爆炸；有的颗粒则被氧化，表面上形成一层白色的薄膜。戴维将电解池中的电流倒转了过来，仍然在阴极上发现银白色的颗粒，也能燃烧和爆炸。戴维看到了这一惊人的发现，欣喜若狂，竟然在屋子里跳了起来，并在他的实验记录本上写下了："重要的实验，证明钾碱分解了。"

　　后来戴维在密闭的坩埚中电解潮湿的苛性钾，终于得到了这种银白色的金属。戴维把它投入水中，开始时它在水面上急速转动，发出嘶嘶的声音，然后燃烧放出淡紫色的火焰。他确认自己发现了一种新的金属元素。由于这种金属是从钾草碱（potash）中制得的，所以将它定名为 Potassium（中译名为钾）。后来他又用电解的方法制得了金属钠、镁、钙、锶、钡和非金属元素硼和硅，成为化学史上发现新元素最多的人。

　　戴维在电解石灰和重土（BaO）时遭到了多次失败，因为石灰和重土的熔点分别高达 2580℃ 和 1923℃，这么高的温度下钙、钡一旦出现便马上燃烧。1808 年 5 月，戴维收到了贝采里乌斯的一封信，信中提到他和瑞典国王的御医曾将石灰和水银混合在一起电解，成功地分解了石灰；他们还用这种方法电解重土制得了钡汞齐。在贝采里乌斯的启发下，戴维把潮湿的石灰和氧化汞按 3：1 的比例混合，放在白金皿中电解，制得了大量的钙汞齐。他小心地蒸去汞，从而在化学史上第一次得到了纯净的金属钙。

附录 4：元素周期表的功劳

　　早在周期表发展的初期，化学密码的破译就在预言和寻找新元素的工作中发挥了惊人的威力。

20 世纪以来，科学家们甚至根据科学和生产上的需要，直接根据元素周期表，也就是那些化学密码进行了不少成功的工作。

这里举几个真实的例子讲一讲。

1925 年以前，由于电气工业的迅速发展，很需要一种金属作特殊灯丝材料，这种新金属应该比钨更优良才好。科学家按照这种金属应该具有的性质，推测出了它在周期表上应该"坐"的位置，就是和钨处在邻居地位的第 75 号那个未知元素。人们又反过来用这个位置上的密码推测了可能发现它的途径和方法，终于在 1925 年找到了它。这就是金属元素铼。

铼是在 1925 年几乎同时被两组科学家发现的。前一组是 3 位德国科学家，他们注意到在铂矿和一种叫铌铁矿的矿石中存在着 72～74 号元素及76～79 号元素。根据元素周期律，他们判断，未知的 75 号元素可能会在其中存在。经过长时间的工作，铼的确被他们在这些矿石中发现了。新元素的名称就是以德国著名的河流莱茵河的名字命名的。

另一组从事寻找 75 号元素的，是几位捷克斯洛伐克科学家。他们根据同族元素性质相似这个规律推断，含有锰的矿物，也会含有铼。而且由于性质上的相似，锰和铼必然很难分离，这就有可能使锰的化合物中常常带有微量的铼。于是，他们采用一种当时新发明的用来测定微量物质的方法——极谱分析法分析了许多种锰矿，终于找到了铼的踪迹，并分离出了铼。

周期表上的密码，不仅可以用来发现新的元素，也可以用来寻找新的化合物。在这方面，一个很好的例子，就是新的冷冻剂的发现。

早期制冷机中常用的冷冻剂是氨和二氧化硫等物质。它们因为有强烈的刺激性臭味和较为严重的毒性，并且对于冷冻机械有强烈的腐蚀性，早就不受人们的欢迎了。可是，新的冷冻剂又该从哪儿去寻找呢？

为了寻找新的冷冻剂，人们也来请周期表帮忙了。

人们已经知道，同一周期里的元素，非金属性越强，它的气态化合物的稳定性也会越大。而在同一主族中，却是非金属性越强，化合物的毒性越小。

根据这种规律，科学家们展开了用氟化物作为冷冻剂的研究。因为氟在第 2 周期中是最强的非金属，所以它的气态化合物是稳定的，它在第 7 主族中是非金属性最强的，因此毒性应该是最小的，或者说，氟化物应该是最理想的冷冻剂。根据这个推测，人们很快就发现了一个理想的含氟冷冻剂——氟利昂，学名叫二氟二氯甲烷。试验表明，它既稳定而又无毒性，同时，冷

冻效率又很高。这个发现给工业上解决了一个大难题。

同族元素具有相似性质这个规律，在许多科学部门里发挥了作用。例如，人们在寻找新的药物时，它帮了大忙。

人们早就知道砷化合物是一种毒剂，常用的毒药砒霜就是三氧化二砷。但是，砷的化合物也有不少缺点。人们需要寻找一些新的毒剂来代替它，以便能更有效地杀灭对人类有害的动物和昆虫。应该到哪里去寻找新的毒剂呢？

从周期表上看，和砷处于同一主族的元素，上有磷，下有锑，它们的化合物也应该具有毒性而又和砷化物不完全相同。对含磷化合物和含锑化合物的研究，使人们得到了一批又一批全新的农药。

在矿物的勘探上，周期表也大有用处。

地质学家们发现，性质相似的金属，往往藏在同一种矿物中，例如铜矿中常常含有银和金，钡盐矿物中也常常是既有锶也有钙……

铜、银、金、钙、锶、钡，不都是同族元素吗！这个事实启发了地质学家，他们想到，对于那些稀有的和难以找到的金属，首先应该看看它们在周期表中的位置，看看它们的同族元素以及在邻近的位置上是些什么元素。如果这些元素的矿物中，有些是富矿或是容易得到的矿物，那就应该仔细查查这些矿物，说不定那些难以找到的稀有金属就藏在这些矿物当中呢！应用这种方法，地质学家们曾不止一次地找到了他们要寻找的稀有金属。

另外，在发展无线电电子学方面，周期表也曾建立过卓著的功勋。人们就是在周期表上从铝到砹那一条斜线上，找到了一个又一个介于金属和非金属之间的两性元素，它们都是良好的半导体。

不仅如此，周期表还帮助人们发展了新的学科。例如，具有重要军事意义的有机硅化学，就是在同族元素性能相似这个规律启发下，以含碳有机物为"模板"发展起来的。

应用周期表在各门学科中解决难题的事例，应用周期表发展了新学科的事例，还有很多很多，在这里就不再一一列举了。

附录5：元素周期表的终点

自从1869年门捷列夫发现元素周期律以后，人们就对元素周期的终点在哪里产生了浓厚的兴趣。

曾经在很长的一个时期内，科学家再没有发现一个新元素，元素周期表在92号元素——铀那里停住了。铀是不是元素周期表的终点，能不能用人工方法合成"超铀"元素？这成了引人注目的问题。

20世纪40年代，科学家终于制出了第93号元素镎。到1983年止，45年中，又先后发现了17个超铀元素。

人们发现，前几个超铀元素，寿命最长的同位素半衰期可以达到千万年，而后来制造的几种超铀元素，寿命越来越短了。如99、100、101号元素的"寿命"以天来计算；102号以分计；103号以后的元素要以秒乃至毫秒来计了。109号元素的发现，是由于在硅板上记录了它的"影子"，它在实验室只逗留了五千分之一秒就"失踪"了。在这种情况下，人们又在猜测，元素周期表是不是到头了。

通过对原子核内部结构和核稳定性规律的研究，核科学家认为，超过这些"寿命"极短、原子核极不稳定的元素，可以"瞭望"到114号元素附近有"超重核稳定岛"，"岛"上可能有几十个元素。目前，科学家们正在用多种方法试图在自然界寻找或人工制造超重核元素。

从人们对化学元素的认识过程来看，即使今后找到或合成全部稳定的超重核，也不能肯定地说，元素周期表的的终点在哪里。

▌附录6：第一个人造元素碘

用算盘做加法，那很便当，只消把算盘珠朝上一拨，就加上一了。

可是，要往一个原子核里加一个质子或别的什么东西，可就不那么容易了。

从1925年起，整整经过9个年头——直到1934年，法国科学家弗列特里克·约里奥·居里和他的妻子伊纶·约里奥·居里（即镭的发现者居里夫人的女儿）才找到进行原子"加法"的办法。

当时，他们在巴黎的镭学研究院里工作。他们发现，有一种放射性元素——84号元素钋的原子核，在分裂的时候，会以极高的速度射出它的"碎片"——氦原子核。在氦原子核里，含有2个质子。

于是，他们就用这氦作为"炮弹"，去向金属铝板"开火"。嘿，出现了奇迹，铝竟然变成了磷！铝，银闪闪的，是一种金属，磷，却是非金属。铝怎么会变成磷呢？

用"加法"一算，事情就很明白：

铝是 13 号元素，它的原子核中含有 13 个质子。当氦原子核以极高的速度向它冲来时，它就吸收了氦原子核。氦核中含有 2 个质子。

$$13 + 2 = 15$$

于是，形成了一个含有 15 个质子的新原子核。你去查查元素周期表，第 15 号元素是什么？

15 号元素是磷！

就这样，铝像变魔术似的，变成了另一种元素——磷！

不久，美国物理学家劳伦斯发明了"原子大炮"——回旋加速器。在这种加速器中，可以把某些原子核加速，像"炮弹"似的以极高的速度向别的原子核进行轰击。这样一来，就为人工制造新元素创造了更加有利的条件，劳伦斯因此而获得了诺贝尔物理学奖金。

1937 年，劳伦斯在回旋加速器中，用含有 1 个质子的氘原子核去"轰击" 42 号元素——钼，结果制得了第 43 号新元素。

鉴于前几年人们接连宣称发现失踪元素，而后来又被一一推翻，所以这一次劳伦斯特别慎重。他把自己制得的新元素，送给了著名的意大利化学家西格雷，请他鉴定。西格雷又找了另一位意大利化学家佩里埃仔仔细细进行分析。最后，由这两位化学家向世界郑重宣布——人们寻找多年的 43 号元素，终于被劳伦斯制成了。这两位化学家把这新元素命名为"锝"，希腊文的原意是"人工制造的"。

美国物理学家劳伦斯（1901—1958）

锝，成了第一个人造的元素！

当时，他们制得的锔非常少，总共才一百亿分之一克。

后来，人们进一步发现：锔并没有真正的从地球上失踪。其实，在大自然中，也存在着极微量的锔。

1949 年，美籍中国女物理学家吴健雄以及她的同事从铀的裂变产物中，发现了锔。据测定，一克铀全部裂变以后，大约可提取 26 毫克锔。

另外，人们还对从别的星球上射来的光线进行光谱分析，发现在其他星球上也存在锔。

这位"隐士"的真面目，终于被人们弄清楚了：锔是一种银闪闪的金属，具有放射性。它十分耐热，熔点高达 2200℃。有趣的是，锔在 -265℃ 时，电阻就会全部消失，变成一种没有电阻的金属！

▌▌附录7：电子在原子核外的排布

人们在研究原子核的同时，也对核外的电子进行了研究。知道了核电荷数，也就是知道了核外电子数，因为这两者总是相等的。但是这些电子在原子核外的状态是怎样的呢？它们是怎样分布的，怎样运动的呢？这还是一个秘密。

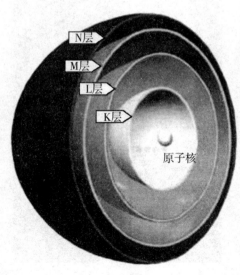

N层
M层
L层
K层
原子核

原子核外电子排布图

从大量的科学实验的结果中，人们知道了，电子永远以极高的速度在原子核外运动着。高速运动着的电子，在核外是分布在不同的层次里的。我们把这些层次叫做能层或电子层。能量较大的电子，处于离核较远的能层中；而能量较小的电子，则处于离核较近的能层中。

人们还发现，电子总是先去占领那些能量最低的能层，只有能量低的能层占满了以后，才去占领能量较高的一层，等这一层占满了之后，才又去占领更高的一层。

第 1 层，也就是离核最近的一层，最多只能容得下两个电子。第 2 层最多能容 8 个电子。第 3 层最多能容得下 18 个电子，而第 4 层容得更多，最多能容 32 个电子，……

现在已经发现的电子层共有 7 层。

不过，当人们对很多原子的电子层进行了研究以后发现，原子里的电子排布情况，还有一个规律，这就是：最外层里总不会超过 8 个电子。

当人们把研究原子结构，特别是研究原子核外电子排布的结果同元素周期表对照着加以考察的时候，发现这种电子的排布竟然和周期表有着内在的联系。

为了说明的简便，我们只拿周期表中的主族元素同它们的核外电子排布情形对照着看一看。先从横排——周期来看：

在第一周期中，氢原子的核外只有 1 个电子，这个电子处于能量最低的第一能层上。氦原子的核外有 2 个电子，都处于第一能层上。由于第一能层最多只能容纳 2 个电子，所以，到了氦第 1 能层就已经填满。第一周期也只有这两个元素。

在第二周期中，从锂到氖共有 8 个元素。它们的核外电子数从 3 增加到 11。电子排布的情况是：除了第一能层都填满了 2 个电子而外，出现了一个新的能层——第二能层；并且从锂到氖依次在第二能层中有 1~8 个电子。到了氖第二能层填满，第二周期也恰好结束。

在第三周期中，同第二周期的情形相类似。除了第 1、2 两个能层全都填满了电子外，电子排布到第三能层上，并且从钠到氩依次增加 1 个电子。到了氩，第三周期完了，最外电子层也达到满员——8 个电子。

再从竖行——族来看：

第一主族的 7 个元素——氢、锂、钠、钾、铷、铯、钫的最外能层都只有 1 个电子，所不同的只是它们的核外电子数和电子分布的层数。氢的核外只有 1 个电子，当然也只能占据在第 1 能层上；锂有两个能层，并且在第 2 能层上有 1 个电子；钠有 3 个能层，并在第三能层上有 1 个电子……钫有 7 个能层，并且在第七能层上有 1 个电子。

由于在化学反应中，原子核是不起任何变化的，一般的情况下，只是最外层电子起变化，第一主族由于最外层都只有一个电子，因而它们表现出相似的化学性质，这当然就是很自然的事情了。

完全类似，第二主族各元素的最外能层都有 2 个电子，第三主族各元素的最外能层都有 3 个电子。

当初，门捷列夫曾经在他自己编写的化学教科书《化学原理》中，用下面这句话来说明他发现的元素周期律：元素以及由它形成的单质和化合物的性质周期地随着它们的原子量而改变。

后来，由于物理学上一系列新的发现，人们对元素同期律得到了新的认识，元素以及由它形成的单质和化合物的性质周期地随着原子序数（核电荷数）而改变。

最后，在弄清了原子核外电于排布的规律以后，人们对元素周期律和元素周期表的认识就更加深入了。现在，人们可以从理论上来解释元素周期律了。原来，随着核电荷数的增加，核外电子数也在相应地增加；而随着核外电子数的增加，就会一层一层地重复出现相似的电子排布的过程。这就是元素性质随原子序数的增加而呈现周期性变化的原因。

如今，人们不仅知道一个元素所在的周期数就是它的核外电子排布的能层数，主族元素的族数就是它最外层的电子数，而且也能解释元素的化合价为什么也随着原子序数的增加而出现周期性的变化。就连为什么同一周期的各个元素，从左到右金属性逐渐减弱，非金属性逐渐增强，为什么同一周期的各个元素，从上到下金属性逐渐增强，非金属性逐渐减弱这一类的问题，也能够得到令人满意的解答了。

原子结构的知识像一把钥匙，打开了元素周期表里的秘密之锁，使它进入了电子时代。